U0285150

重庆暴雨雨型设计方法研究

廖代强　王　颖　朱浩楠
郭　渠　杨宝钢　张　莉　著

气象出版社
China Meteorological Press

内 容 简 介

近年来,我国频繁出现大、中城市积涝,均给城市居民的生活和经济社会发展带来了重大损失,科学合理地设计暴雨雨型能为市政建设、水务等部门提供理论依据及相关参数。本书较为全面地介绍了暴雨雨型设计的方法及其最新的研究成果,主要有六个方面的内容:一是暴雨强度公式及其设计雨型的取样方法问题;二是不同重现期的设计雨量问题;三是暴雨设计雨型方法问题;四是设计雨型选取的问题;五设计雨型检验和适用性问题;六是年径流总量控制率优化问题。本书可供从事暴雨雨型研究及相关领域的读者参考。

图书在版编目(CIP)数据

重庆暴雨雨型设计方法研究 / 廖代强等著. —— 北京:气象出版社, 2023.10
ISBN 978-7-5029-8092-4

Ⅰ. ①重… Ⅱ. ①廖… Ⅲ. ①城市—暴雨量—强度—计算—重庆 Ⅳ. ①P333.2

中国国家版本馆CIP数据核字(2023)第215689号

重庆暴雨雨型设计方法研究
Chongqing Baoyu Yuxing Sheji Fangfa Yanjiu

出版发行:气象出版社

地　　址:北京市海淀区中关村南大街 46 号	**邮政编码**:100081	
电　　话:010-68407112(总编室)　010-68408042(发行部)		
网　　址:http://www.qxcbs.com	**E - m a i l**:qxcbs@cma.gov.cn	
责任编辑:邵　华　宋　炜	**终　审**:张　斌	
责任校对:张硕杰	**责任技编**:赵相宁	
封面设计:艺点设计		
印　　刷:北京中石油彩色印刷有限责任公司		
开　　本:710 mm×1000 mm　1/16	**印　张**:6	
字　　数:136 千字	**插　页**:2	
版　　次:2023 年 10 月第 1 版	**印　次**:2023 年 10 月第 1 次印刷	
定　　价:36.00 元		

前　言

　　城市积涝是指由于强降水或连续性降水超过城市排水能力致使城市内产生积水的现象。近年来,我国频繁出现大中城市积涝,如 2012 年 7 月 21 日的北京积涝、2007 年 7 月 17 日的重庆积涝等,均给城市居民的生活和经济社会发展带来了重大损失。在此情况下,中国气象局与住房和城乡建设部共同签署"联合开展城市积涝预报预警与防治工作的合作框架协议",要求双方联合开展城市暴雨规律和积涝风险等方面的研究,共同出台指导性文件,指导和规范相关数据采集与暴雨强度公式的编制方法等,为城市防涝排水提供科学依据。为落实上述要求,2013 年重庆市住房和城乡建设委员会委托重庆市气候中心和重庆市市政设计研究院共同完成了主城排水管网规划设计暴雨强度公式的编制;2014 年启动了主城排水管网规划设计暴雨雨型的研究。

　　影响城市积涝的主要因素有暴雨强度、暴雨径流、排水管网的防涝排水能力等。市政管网的规划设计离不开暴雨强度,而暴雨强度中暴雨平均强度、最强时段强度、强度的变化过程等,都不同程度地影响了暴雨径流,从而影响城市防涝排涝。暴雨强度公式仅描述了暴雨平均强度、最强时段强度,暴雨强度的变化过程需要通过雨型来描述。雨型是描述降雨过程的概念,即降雨强度在时间上的分配过程,是决定积涝的重要影响因素。相同平均强度的暴雨,不同的雨型对径流洪峰会有不同影响,因此科学合理地设计暴雨雨型能为市政建设、水务和规划等部门提供科学的理论依据及相关参数。在进行城市排水管网规划设计时,需要设计流量作为输入。通常设计流量可以通过对一系列观测的流量进行频率分析得到。然而,城市地区实际工程中,现场一般很少有连续的流量观测资料。在这种情况下,可利用设计暴雨方法推求设计流量,而设计暴雨方法需要确定设计雨型。

设计雨型是在大量暴雨资料统计规律基础上选定当地最有代表性的雨型。该雨型不可能符合所有降雨,却能代表大多数的平均情况。北京、上海、天津、武汉等地在暴雨设计雨型研究方面已开展了相应的工作,涉及的方法众多,各种雨型之间差异较大,目前还没有一种公认的雨型作为设计的依据。《室外排水设计标准》(GB 50014—2021)要求设计暴雨量可按城市暴雨强度公式计算,设计暴雨过程(即雨型)可按以下3种方法确定:①设计暴雨统计模型。结合编制城市暴雨强度公式的采样过程,收集降雨过程资料和雨峰位置,根据常用重现期部分的降雨资料,采用统计分析方法确定设计降雨过程。②芝加哥降雨模型。根据自记雨量资料统计分析城市暴雨强度公式,同时采集雨峰位置系数,雨峰位置系数取值为降雨雨峰位置除以降雨总历时。③当地水利部门推荐的降雨模型。采用当地水利部门推荐的设计降雨雨型资料,必要时需做适当修正,并摒弃超过 24 h 的长历时降雨。对此情形,本书综合了目前比较经典的几种雨型设计方法,较为详细地介绍暴雨设计雨型的取样方法、雨型设计方法、设计暴雨雨量方法以及设计雨型的选取、合理性和适用性问题。

《重庆暴雨雨型设计方法研究》是由廖代强、王颖、朱浩楠、郭渠、杨宝钢和张莉共同撰写的专著。廖代强负责全书整体架构的设计并撰写全书的初稿和统稿。各章的主要贡献者如下:

第 1 章(暴雨雨型取样方法)廖代强、朱浩楠;

第 2 章(设计雨量)王颖、廖代强;

第 3 章(暴雨雨型设计)廖代强、朱浩楠;

第 4 章(设计雨型选取)廖代强、王颖、杨宝钢;

第 5 章(设计雨型检验与适用性探讨)廖代强、王颖;

第 6 章(年径流总量控制率优化)郭渠、廖代强、张莉。

在《重庆暴雨雨型设计方法研究》撰写过程中,得到了中国气象局气候资源经济转化重点开放实验室的资助,在此表示衷心感谢。

著者
2023 年 8 月

Contents

目　录

暴雨雨型取样方法

设计暴雨雨型的关键技术主要有:不同降水样本取样技术(本章采用自然降水场取样、滑动取样和重现期取样,年最大值提取);不同设计暴雨雨型的推求技术;不同推求方法比较,选取最优方法;设计雨型的适用范围。其中,降水过程的取样方法和设计暴雨雨型的推求技术会直接影响设计雨型的结果。而不同的雨型会导致降雨径流的计算结果产生明显的差异(方怡 等,2016),若设计雨型不合适,会引起很大误差(岑国平 等,1998;岑国平,1993)。但针对设计雨型时降水场次取样方法的研究甚少,马京津等(2016)对比了"自然降水过程"和"最大历时过程"两种取样方法对 Pilgrim 和 Cordery 设计雨型结果的影响,发现在降水量分配比例上,2 种方法存在明显差异。另外,不同暴雨雨型方法之间也各有优劣:岑国平(1999)对 Huff 法(Huff,1967)、Pilgrim 和 Cordery 法(Pilgrim et al. ,1975)、Yen & Chow 法(Yen et al. ,1980)和 Keifer-Chu 法(Keifer et al. ,1957)4 种雨型进行了对比,结果表明,不同设计雨型法所得的洪峰流量差异较大,且不同方法对降水历时、降水资料本身的敏感性皆有不同。迄今为止,在推求设计暴雨雨型时,还没有一种普遍适用的取样方法,但这却又是造成推求暴雨强度和设计雨型的结果影响最大、最重要、最基础的工作。

针对现有常用雨型推求方法中的不足,本章提出一种新的关于暴雨强度公式和暴雨雨型设计取样方法的思路——"强降水自然滑动取样法",并与重现期、年最大值、自然场次等取样方法进行了对比,以验证强降水自然滑动取样法的合理性和实用性。本书所用数据为重庆主城区沙坪坝国家基本站 1961—2021 年分钟降水资料,共 61 a,由重庆市气象信息与技术保障中心提供。研究包括 1 h、2 h、3 h、6 h、9 h、12 h

和 24 h 共 7 个历时,包括 2 a、3 a、5 a、10 a、20 a、30 a、50 a 和 100 a 共 8 个重现期。

1.1 原始资料的处理

1.1.1 台站概况与数据记录方式

位于重庆主城区的沙坪坝气象站为国家基本站,建于 1950 年 1 月 1 日,气象观测资料完整,年代较长。降水量是常规观测项目,仪器设备和资料整理等均符合国家规范。

国家气象站降水量的数据记录有 2 种方式:①虹吸式雨量计观测资料,即以自记纸记录的分钟降水资料;②双阀容栅式雨量传感器(双翻斗式雨量计)观测资料,即自动记录的分钟降水资料。

1.1.2 自记纸资料数字化处理

对以自记纸形式保存的国家气象站历史降水自记记录资料,使用中国气象局组织编制的"降水自记纸彩色扫描数字化处理系统"进行数字化处理。该系统通过计算机扫描、图像处理、数据处理,将气象站降水自记纸图像进行数字化转换,成为逐分钟降水量,并需要经人工审核或修正后,录入数据库,具体处理过程如图 1-1。

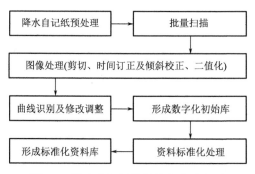

图 1-1 降水自记纸数据信息化过程图

1. 降水自记纸预处理

在自记纸扫描前,需将装订好的自记纸拆开,挑选出有降水过程的自记纸,并标注起止日期,使时间清晰地写在可扫描区域内。

2. 图像扫描

首先设置好扫描图像的分辨率、图像压缩率等扫描参数,一般文件大小应控制在 150~350 KB,如过大可提高压缩率、过小则减小压缩率,以达到正常跟踪与处理速度、保存容量的较好结合,既保证得到的扫描图像的清晰度,又有较快的扫描速度。

3. 降水自记迹线的跟踪

降水自记迹线的跟踪主要有：调整合适的阈值，使程序能更好地自动跟踪；在有强降水时，采用强降水跟踪方法（在非强降水时也可灵活使用该方法）；作异常处理时，可采用二次处理法，首先由程序自动计算异常量，然后再将包含异常时段在内的若干小时作异常处理，输入这段时间的降水量；无降水时的处理方法是从最早出现降水的地方开始跟踪，将尾部无降水的迹线删除；注意与状态库或地面气象观测记录月报表文件中的日降水量及逐时降水量进行比对。

4. 数据转换与质量检查

数据转换包括：将迹线数据（ZJR 文件）转换成分钟强度数据，将分钟强度数据进行质量检查后再转换成标准分钟强度数据，以及将标准分钟强度数据转换成小时强度数据。

在分钟强度转换前，可运行 ZJJC 软件对 ZJR 文件进行质量检查，检查项目包括时间连续性检查和数据质量检查。数据转换程序也会进行转换前的必要检查，如虹吸过程是否超过 2 min、虹吸量是否超范围等。

5. 数据集制作

降水自记纸数字化处理应得到 3 个数据集：图像数据集、降水强度数据集和迹线文件数据集。每个数据集应包括：数据实体文件、数据说明文件、备注说明文件和元数据说明文件 4 个部分。

1.1.3　自动记录降水资料处理

采用自动记录的逐分钟降水资料作为暴雨设计雨型推求的基础资料时，需要对原始数据进行质量检查、审核。选择有代表性的各种强度降水过程资料，对自动记录的逐分钟降水资料与同期的自记纸降水资料一致性进行分析，产生不一致时，采用数值较大的资料序列。

1. 资料质量控制

由于存在很多缺测及错误，因此在进行后续研究前，必须对其进行质量控制。参考前人文献（任芝花 等，2010；江志红 等，2010），项目组设计并编写了质控算法代码，对数据进行了界限值检查、时间一致性检查、空间一致性检查。

2. 界限值检查

首先直接剔除数据库系统中已标识为缺测的数据，然后通过判断要素数据是否位于特定阈值范围内，从而进一步对可疑数据做筛除。根据重庆本地的气候状况，日累积降水的阈值设置为 0～500 mm，超过该阈值的数据便判断为缺省。

3. 时间一致性检查

在实时上传的小时数据中，有些错误数据以连续无变化的形式出现。分析连续 6 个及以上时次降水量（大于 0 mm）无变化数据，根据以下 3 个原则进行判错：①连续 N_1 个及以上小时降水量（简称 R，下同）相等且 0 mm$<R<$0.5 mm，数据错误；

②连续 N_2 个及以上小时降水量相等且 $0.5\ \text{mm} \leqslant R < 1\ \text{mm}$，数据错误；③连续 N_3 个及以上小时降水量相等且 $R \geqslant 1\ \text{mm}$ 时，数据错误；其中 $N_1 > N_2 > N_3$。连续无变化检查发现的错误数据，其降水量普遍较小。除非周围站有很大的降水过程，否则很难通过后续的空间一致性检查被检出，因此，较小降水的时间一致性检查至关重要。

4. 空间一致性检查

同一区域范围内的站点观测数据可表现出相似的空间分布特征，若某个测站的要素值与邻近站差异较大，则可判断此站点的要素为可疑数据。具体实现为将距离质控站点周围一定范围内的所有站点做样本，根据巴恩斯（Barnes）客观分析法插值到质控站点位置，然后判断站点原数据与插值数据间的残差，若超过特定阈值则该要素值判断为缺测。相关计算方程为：

$$x' = x_j - \frac{\sum\limits_{i=1}^{N} \omega_i x_i}{\sum\limits_{i=1}^{N} \omega_i}$$

$$\omega_i = \mathrm{e}^{\left(\frac{-r}{R}\right)^2}$$

其中 x' 为残差值，x_j 和 x_i 分别为质控站点原始值和周围站点值，ω_i 为周围站点权重，r 为周围站点到质控站点的距离，R 为影响半径。但由于进行空间连续性检查需要使用周边站点进行插值，若某个还未进行质控的可疑站点也参与到插值中，势必会对结果造成影响。因此，研究中采用了二次迭代的方案，即首先对所有站点进行一次空间连续性检验，然后在第二次检验中只使用通过了第一次检验的站点进行插值。若某个站点在第二次空间连续性检验中依然被判断为可疑值，便剔除；反之，则保留。进行质控时，影响半径设为 20 km，降水的最大残差值为 20 mm。

1.2 样本取样方法

本书采用目前国内外比较常用的雨型样本取样法。但迄今为止，在推求设计暴雨雨型时，还没有一种普遍适用的取样方法，但这却是对推求暴雨强度和设计雨型影响最大、最重要、最基础的工作。针对现有常用雨型推求方法中的不足，本书提出一种新的关于暴雨强度公式和设计雨型取样方法的思路——"强降水自然滑动取样法"。

1.2.1 自然场次取样法

自然降水过程：降水场次样本取自自然降水过程。首先将分钟降水数据划分为独立的降水场次，场次间隔以 120 min 降水量≤2.0 mm 为场次界定指标（马京津等，2016）。依据每场降水的开始、结束和持续时间、总降水量，选取 7 个降水时段所有降水样本（为选取尽可能多的场次），按照总降水量从大到小进行排序，选取降水量大于对应历时降水量阈值的所有降水场次，一年最多选择一个样本。

1.2.2　重现期取样方法

本节用皮尔逊-Ⅲ型分布、广义极值分布、对数正态分布、耿贝尔分布和指数分布5 种分布曲线拟合沙坪坝 7 个降水历时,选取误差最小的模型分别计算各重现期(计算重现期采用的样本是年最大值法)。误差分析结果如表 1-1 所示,3 个历时 9 个误差统计中,除指数分布外,其余 4 种概率模型的科氏拟合适度均在 0.09 以下,相关系数均在 0.99 以上,均方根误差均在 0.04 以内,具有较高的拟合精度。对每个误差统计量的模型优劣进行排序,发现拟合效果最好的模型分别是皮尔逊-Ⅲ型分布(6 次)、广义极值分布(2 次)、耿贝尔分布和对数正态分布(各 1 次),指数分布最差。总之,5 种概率分布拟合重庆短时段极值降水的最优概率模型为皮尔逊-Ⅲ型分布。因此,本书重现期取样采用的是皮尔逊-Ⅲ型分布拟合得到各时段不同重现期样本的阈值,然后再根据此阈值找出所有样本的不同重现期的个数。

表 1-1　沙坪坝 5 种概率模型拟合极值降水的误差分析

	误差统计量	1 广义极值	2 皮尔逊-Ⅲ	3 耿贝尔	4 对数正态	5 指数	优劣排序
1 h	柯氏拟合适度	0.077	0.073	0.078	0.086	0.410	2>1>3>4>5
	相关系数	0.995	0.995	0.993	0.992	0.953	1,2>3>4>5
	均方根误差	0.035	0.028	0.034	0.039	0.131	2>3>1>4>5
2 h	柯氏拟合适度	0.073	0.061	0.055	0.068	0.646	3>2>4>1>5
	相关系数	0.996	0.995	0.995	0.996	0.943	1,4>2,3>5
	均方根误差	0.027	0.027	0.027	0.026	0.126	4>1,2,3>5
3 h	柯氏拟合适度	0.073	0.051	0.080	0.070	0.728	2>4>1>3>5
	相关系数	0.995	0.997	0.994	0.995	0.933	2>1,4>3>5
	均方根误差	0.030	0.024	0.033	0.028	0.129	2>4>1>3>5

1.2.3　年最大值取样方法

按 1 h、2 h、3 h 和 24 h 共 7 个降水时段,每年滑动挑选时段累积降水最大值区间作为样本。具体方法如下:

① 从全年的降水自记纸或每分钟降水量数据文件中,挑取本年内 7 个时段最大降水量;

② 各时段年最大降水量应满足所属 1440 min 降水量≥50.0 mm(赵琳娜 等,2016);

③ 滑动不受日、月界限制,但不跨年挑取;

④ 一年最多选择一个样本。

具体的结果见后面的取样的比较。

1.2.4 强降水自然滑动取样法

在研究暴雨强度和设计雨型的取样过程中,发现在目前的过程中或多或少存在一些不足之处。针对现有取样方法得到的样本的不足,本书提出一种新的关于暴雨强度公式和设计雨型取样方法——"强降水自然滑动取样法"。具体取样步骤如下(廖代强 等,2019):

① 首先滑动从每年逐分钟降水数据挑选 1440 min 累计降水量≥50.0 mm(在降水偏少的地区也可以用 25.0 mm 作为阈值,主要根据当地的可能产生城市积涝的降水量来选取阈值),滑动不受日、月界限制,但不跨年挑取,有几场选几场,不重复;

② 从①得到的样本中再滑动选取各历时(如:1 h、2 h、3 h、24 h)降水最大值(一年选一个)作为相应历时的样本;

③ 得到 4 个历时的 N 年 N 个样本,再对已选取的每个历时的样本分别以汇水时间作为单元(也可以 2 min 作为汇水时间,根据当地的汇水时间为准)来统计;

④ 在任何一个历时中,选取单元最大值的位置作为样本的峰值位置,然后把所有样本峰值位置的平均值作为相应历时的雨型峰值位置;

⑤根据上一步计算得到的雨型峰值位置,在保证①②③步骤所得样本的时间区间长度不变的情况下对样本起止时间点进行左右同步滑动,使每个新样本的峰值位置与④中的平均峰值位置一致,从而得到新的相应历时样本,并保证选取样本的降水过程都是自然降水过程。

根据以上的步骤,本书选取 2003 年 180 min 的样本作为实例,具体如图 1-2,其

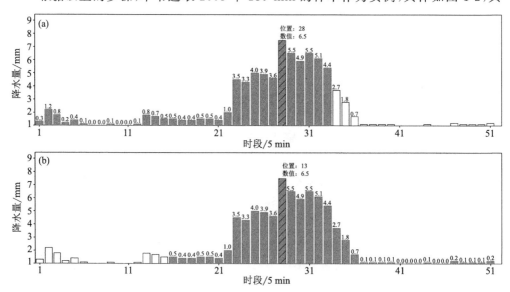

图 1-2 自然滑动处理示意

(a. 灰色部分为滑动前所选样本;b. 中灰色为滑动后所选样本)

中灰色部分为处理前的样本时间区间,斜线标注的是移动前样本的峰值位置,即样本的第 28 个单元。图 1-2b 中灰色部分为移动后的样本时间区间,也就是把 28 单元向前移动 15 单元,与第 13 个单元(所有样本的峰值的平均位置)对齐。前面移除 15 个单元,后面就在原样本中移进 15 个单元。因此保证了选取样本的降水过程都是自然降水过程。图 1-2b 就是强降水自然滑动取样法得到的 2003 年 180 min 样本。

1.3　取样方法选取

1.3.1　强降水自然滑动取样法结果分析

根据强降水自然滑动取样法,由于对取样样本进行左右滑动,会导致滑动后样本的总量变化,因此对样本的变化进行比较。主要选国内目前比较有代表性的降水时段(1 h、2 h、3 h、24 h);对选取样本未滑动前各时段样本分别求和(也就是取出来的原始样本的总降水量,所有样本的总和)与滑动后各时段样本分别求和(确定雨峰后,样本滑动后的总降水量)作比较。具体统计如表 1-2。

表 1-2　峰值位置滑动后总降水量与峰值位置滑动前总降水量(单位:mm)

	降水时段			
	1 h	2 h	3 h	24 h
峰值位置滑动前总降水量	2093	2646	3014	4956
峰值位置滑动后总降水量	1938	2478	2821	4923
(峰值位置滑动前总降水量-峰值位置滑动后总降水量)/峰值位置滑动前总降水量	7.4%	6.3%	6.4%	0.7%

由表 1-2 可见,峰值位置滑动前总降水量减去峰值位置滑动后总降水量的值与峰值位置滑动前总降水量比值可以看出,因峰值位置左右滑动后得到新样本的总降水量的变化并不大,减小的最大幅度为 7.4%;24 h 时段基本一致,因此用强降水自然滑动取样的方法还是比较合适的。

根据重庆市沙坪坝区城市积涝记录(现有能查到的记录始于 2006 年)与暴雨自然滑动取样法样本所在日期进行对比,这样可以较为直接地检验选取样本的合理性。通过 11 a 有积涝记录以来的检验得到:强降水自然滑动取样方法选取的样本日期(指选取样本的开始日期)与历史城市积涝发生的记录日期是一致的,即取样方法捕捉到了造成积涝的暴雨过程,具有较好的代表性,与实际情况更吻合。

1.3.2　强降水自然滑动取样与其他取样方法对比分析

1. 重现期取样与强降水自然滑动取样对比分析

通过对皮尔逊-Ⅲ型分布、广义极值分布、对数正态分布、耿贝尔分布和指数分布

5 种分布曲线各自拟合求误差的比较,最后选用皮尔逊-Ⅲ概率拟合结果。然后再根据皮尔逊-Ⅲ概率拟合(拟合序列采用年最大值)得到的不同重现期样本的阈值统计各重现期出现的次数,统计如表 1-3。

表 1-3　各时段在不同重现期出现的次数(单位:次)

时段	重现期							
	2 a	3 a	5 a	10 a	20 a	30 a	50 a	100 a
1 h	23	18	10	6	3	2	1	0
2 h	26	14	8	6	4	2	1	0
3 h	25	13	10	6	3	3	2	0
24 h	22	15	10	5	3	3	1	1

在 1961—2016 年中选取的 50 个样本中,各个时段出现重现期的次数,2 a、3 a、5 a 重现期的次数相对较多,十到二十几次,而 10 a 以上重现期就仅仅只有几次,个别重现期还没有出现。因此,在观测年限不够长,特别是样本不足 30 个的情况下建议不采用重现期取样。当每个时段的重现期的样本足够时,可以采取重现期取样。但也要回查取出的样本当日降水量,以避免在取样样本当日降水量过小,不可能发生积涝的情况。而用强降水自然滑动的方法取样得到的样本数,在各时段不同重现期都能满足统计要求。因此强降水自然滑动的方法在观测年限不够长的情况下是比较实用的取样方法。

2. 最大值取样与强降水自然滑动取样对比分析

最大值取样与强降水自然滑动取样在 2 h 以上的历时取样的样本日期(以取样样本开始的时间作为样本的日期,以下相同)都是一致的,如表 1-4。只有 1 h 时段在以下 8 a 中取样的时间是不同且最大值取样当日降水量都比强降水自然滑动取样小(见表 1-5),有的仅有 20 多毫米,基本不可能发生城市积涝,因此采用强降水自然滑动取样比最大值取样显得更加合理。

表 1-4　最大值取样与强降水自然滑动取样相同样本次数(单位:次)

	1 h	2 h	3 h	24 h
相同样本次数	42	50	50	50

表 1-5　1 h 最大值取样与强降水自然滑动取样的日降水量比较

年份	日期	日降水量/mm	1 h 降水量/mm	取样方法
1970 年	5 月 29 日	40.1	38.2	最大值取样
	7 月 28 日	67	30.8	强降水自然滑动取样
1980 年	8 月 29 日	74.5	23.5	最大值取样
	7 月 29 日	148.1	19.8	强降水自然滑动取样
1982 年	8 月 10 日	49.3	46.5	最大值取样
	6 月 1 日	60.6	35.5	强降水自然滑动取样

年份	日期	日降水量/mm	1 h 降水量/mm	取样方法
1985 年	8 月 7 日	47.9	42	最大值取样
	7 月 5 日	70.3	22.5	强降水自然滑动取样
1987 年	9 月 14 日	36	28.9	最大值取样
	7 月 20 日	52.8	12.4	强降水自然滑动取样
1990 年	8 月 18 日	40.9	26.4	最大值取样
	6 月 23 日	52.8	13.6	强降水自然滑动取样
1992 年	7 月 19 日	29.2	23.1	最大值取样
	6 月 20 日	78	21.9	强降水自然滑动取样
2013 年	6 月 22 日	26.5(无积涝)	25.9	最大值取样
	6 月 9 日	97.7	23.9	强降水自然滑动取样

3. 自然场次取样与强降水自然滑动取样对比分析

分别采用自然场次和强降水自然滑动的方法进行取样,然后再对各自选取的样本时间进行分析比较得出表 1-6。在短时段(1~3 h)相同样本较少,1 h 时段最少,仅 15 次,占总样本的 30%。长时段基本相同。

表 1-6　自然场次取样与强降水自然滑动取样相同样本次数(单位:次)

	1 h	2 h	3 h	24 h
相同样本次数	15	17	24	48

其次,对不同时段的自然场次法和强降水自然滑动法取样的样本出现的当日日降水量总量和出现的降水类型分别进行统计分析得出表 1-7 和表 1-8。

表 1-7　自然场次取样与强降水自然滑动取样降水量值(单位:mm)

取样法	1 h总降水量	2 h总降水量	3 h总降水量	1 h均值	2 h均值	3 h均值
自然场次	1412	1820	2208	28	36	44
强降水自然滑动取样	1969	2515	2847	39	50	57

表 1-8　自然场次取样样本当日降水类型的次数(单位:次)

降水类型	1 h	2 h	3 h	24 h
小雨	1	0	0	0
中雨	12	10	2	0
大雨	28	21	22	0
暴雨	9	19	26	50

通过对不同时段自然场次法与强降水自然滑动取样法取样的相同次数、总降水

量和自然场次取样样本当日降水类型分析得出:自然场次取样得到的样本日降水量少,出现暴雨以下的次数多,特别在1~3 h时段。因此发生城市积涝概率较小,而强降水自然滑动取样取出的样本均有暴雨发生,出现城市积涝概率大。因此采用强降水自然滑动取样比最大值取样合理。

1.4　主要结论

本书设计了一种新的暴雨雨型计算样本选取思路:强降水自然滑动取样。该方法根据原始取样样本平均峰值位置对样本截取区间进行移动,使得各样本的峰值位置变为一致从而得到新的样本数据。使用目前比较常用的年最大值、自然场次取样、重现期和本书设计的强降水自然滑动取样方法,对重庆主城区国家基本站沙坪坝1961—2016年逐分钟降水资料进行了取样,从各方法所得样本的代表性、样本的合理性进行了分析。结果如下:

① 由于目前我国大部分城市的观测年限还不够长,在采用重现期取样时,取出的样本常常不足30个,因此在不同时段的采用重现期的样本数不足30个的情况下,可以不采取重现期取样。当样本超过30个,可采取重现期取样。但也要回查取出的样本当日降水量,以避免与最大值取样一致取出的样本在当日日降水量过小,不可能发生积涝的情况。

② 分析年最大值取样和自然场次取样样本可知,最大值取样存在个别时段取样不合理的情况,如:2013年6月22日日降水26.5 mm无积涝的情况;自然场次取样得到的样本日降水量少,出现暴雨以下的次数多,发生城市积涝概率较小,尤其是1~3 h等短历时降水样本所在日。2种方法同样存在样本代表性不足的问题。

③ 强降水自然滑动取样所得样本覆盖了所有出现城市积涝的天数,且得到的样本所在日的日累计降水普遍大于其他采样方法所得样本,具有更高的代表性(目前只在推求重庆暴雨强度公式和设计雨型中应用较好,有待于在别的地方进一步论证)。另外,强降水自然滑动取样得到的样本可通过直接计算平均得到对应降水时段的雨型,不需要再做进一步计算,是一种简便、科学的取样方法,为以后推求暴雨强度公式和设计雨型提供一种取样思路。

第 2 章

设计雨量

本章主要基于年极大值采样方法建立的短历时(1~3 h)和长历时(24 h)极值降水序列,利用5种常用概率模型(广义极值分布、皮尔逊-Ⅲ型分布、耿贝尔分布、对数正态分布、指数分布)拟合各历时极值降水序列,通过误差分析和显著性检验讨论不同概率模型的适用性,并给出各历时设计雨量,确定最适用于重庆的不同历时极值降水拟合的分布模型。

2.1 皮尔逊-Ⅲ型分布设计雨量

利用皮尔逊-Ⅲ型分布拟合沙坪坝站不同历时降水,概率拟合的误差分布和误差值如图 2-1、表 2-1 所示。经验频率与理论频率的柯尔莫哥洛夫拟合适度(K-S)不超过0.1,通过 0.05 的显著性检验,相关系数(R)超过 0.99,均方根误差(RMSE)不超过0.05,具有较高的拟合精度,其中以 2 h 拟合误差最小,3 h 次之,24 h 的误差相对较大。百年重现期 1 h 降水为 95.1 mm,2 h 降水 117.1 mm,3 h 降水 131.8 mm,24 h降水为 245.3 mm,其他历时详见表 2-2。

表 2-1　沙坪坝站 1981—2016 年皮尔逊-Ⅲ型分布误差值

历时	K-S	R	RMSE
1 h	0.095	0.991	0.042
2 h	0.066	0.996	0.027
3 h	0.083	0.993	0.033
24 h	0.095	0.990	0.042

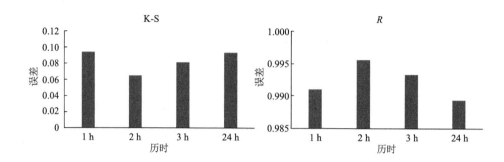

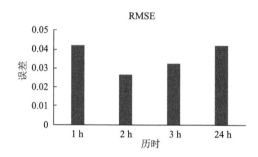

图 2-1　沙坪坝站 1981—2016 年皮尔逊-Ⅲ型分布误差分析

表 2-2　沙坪坝站 1981—2016 年不同重现期皮尔逊-Ⅲ型分布设计雨量(单位:mm)

历时	2 a	3 a	5 a	10 a	20 a	30 a	50 a	100 a
1 h	41.0	48.2	56.2	66.1	75.3	80.4	86.8	95.1
2 h	53.7	62.7	72.4	84.0	94.6	100.5	107.7	117.1
3 h	60.3	70.6	81.6	94.7	106.6	113.3	121.3	131.8
24 h	101.5	120.2	141.2	167.4	191.9	205.7	222.7	245.3

2.2　耿贝尔分布设计雨量

耿贝尔分布拟合结果显示(图 2-2),经验分布与理论分布的柯尔莫哥洛夫拟合适度(K-S)不超过 0.12,相关系数大于 0.99,均方根误差小于 0.05,总体而言,具有较高的拟合精度,其中以 2 h 和 3 h 拟合效果更好,24 h 拟合误差相对其他历时较大。耿贝尔分布拟合的百年重现期降水分别如下:1 h 设计雨量 95.7 mm,2 h 设计雨量 121.5 mm,3 h 设计雨量 137.6 mm,24 h 设计雨量 231.3 mm。1～3 h 计算结果略大于皮尔逊-Ⅲ型分布,24 h 计算结果小于皮尔逊-Ⅲ型分布。表 2-3 和表 2-4 分别为沙坪坝站 1981—2016 年耿贝尔分布误差值和设计雨量。

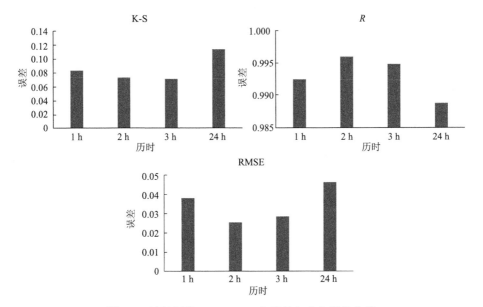

图 2-2 沙坪坝站 1981—2016 年耿贝尔分布误差分析

表 2-3 沙坪坝站 1981—2016 年耿贝尔分布误差值

历时	K-S	R	RMSE
1 h	0.084	0.993	0.039
2 h	0.073	0.996	0.027
3 h	0.072	0.995	0.030
24 h	0.116	0.989	0.047

表 2-4 沙坪坝站 1981—2016 年耿贝尔分布设计雨量(单位:mm)

历时	2 a	3 a	5 a	10 a	20 a	30 a	50 a	100 a
1 h	41.5	48.3	56.0	65.6	74.8	80.1	86.8	95.7
2 h	53.4	62.0	71.6	83.7	95.3	101.9	110.2	121.5
3 h	59.7	69.6	80.6	94.4	107.6	115.2	124.7	137.6
24 h	101.9	118.3	136.5	159.5	181.5	194.1	209.9	231.3

2.3 对数正态分布设计雨量

对数正态拟合结果显示(图 2-3),经验分布与理论分布的柯尔莫哥洛夫拟合适度(K-S)不超过 0.1,相关系数大于 0.99,均方根误差小于 0.05,拟合精度总体较高,其中以 24 h 拟合效果更好。对数正态分布拟合的百年重现期降水分别如下:1 h 设计雨量 91.2 mm,2 h 设计雨量 120.2 mm,3 h 设计雨量 136 mm,24 h 设计雨量 294.3 mm。

表 2-5 和表 2-6 分别为沙坪坝站 1981—2016 年对数正态分布的误差值和设计雨量。

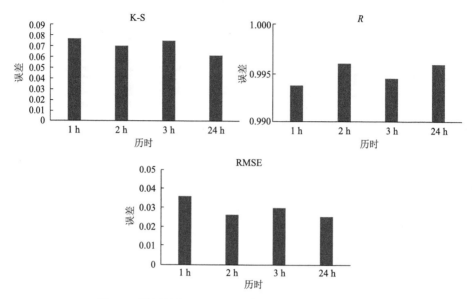

图 2-3 沙坪坝站 1981—2016 年对数正态分布误差分析

表 2-5 沙坪坝站 1981—2016 年对数正态分布误差值

历时	K-S	R	RMSE
1 h	0.078	0.994	0.037
2 h	0.071	0.996	0.027
3 h	0.076	0.995	0.031
24 h	0.062	0.996	0.026

表 2-6 沙坪坝站 1981—2016 年对数正态分布设计雨量(单位:mm)

历时	2 a	3 a	5 a	10 a	20 a	30 a	50 a	100 a
1 h	41.9	48.6	56.0	64.9	73.1	77.8	83.6	91.2
2 h	53.6	62.3	71.9	83.8	95.0	101.4	109.4	120.2
3 h	60.0	70.0	81.0	94.6	107.4	114.7	123.8	136.0
24 h	96.7	114.4	136.7	168.5	202.7	224.1	252.6	294.3

2.4 指数分布设计雨量

经验分布与指数分布柯尔莫哥洛夫拟合适度超过 0.15,相关系数低于 0.98,相对均方根误差在 0.9 以上,误差较大,拟合效果较差。计算的低重现期较其他分布偏小,高重现期较其他分布偏大,拟合曲线变率较大,总体而言,指数分布的拟合效果较差(图 2-4)。表 2-7 和表 2-8 分别是沙坪坝站 1981—2016 年指数正态分布的误差值和设计雨量。

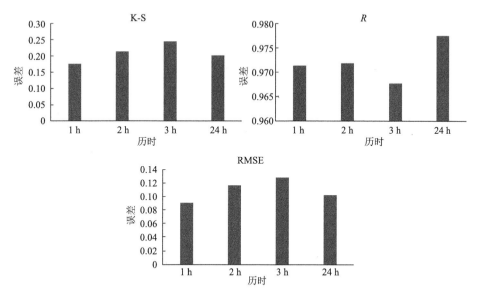

图 2-4 沙坪坝站 1981—2016 年指数分布误差分析

表 2-7 沙坪坝站 1981—2016 年指数正态分布误差值

历时	K-S	R	RMSE
1 h	0.175	0.971	0.090
2 h	0.213	0.972	0.118
3 h	0.246	0.968	0.128
24 h	0.203	0.978	0.102

表 2-8 沙坪坝站 1981—2016 年指数分布设计雨量(单位:mm)

历时	2 a	3 a	5 a	10 a	20 a	30 a	50 a	100 a
1 h	36.8	46.4	58.5	74.9	91.3	100.9	112.9	129.3
2 h	46.2	60.2	77.9	101.8	125.7	139.7	157.4	181.3
3 h	51.0	67.7	88.9	117.6	146.2	163.0	184.1	212.8
24 h	90.1	116.3	149.2	193.9	238.6	264.8	297.7	342.4

2.5 广义极值分布设计雨量

广义极值分布的误差分析结果显示(图 2-5),K-S 检验值不超过 0.09,相关系数高于 0.99,均方根误差不超过 0.04,具有较高的拟合精度。计算的百年重现期降水分别是:1 h 设计雨量 86.2 mm,2 h 设计雨量 119.3 mm,3 h 设计雨量 133.9 mm,24 h 设计雨量 281.1 mm。表 2-9 和表 2-10 分别为沙坪坝站 1981—2016 年广义极值分布的误差值和设计雨量。

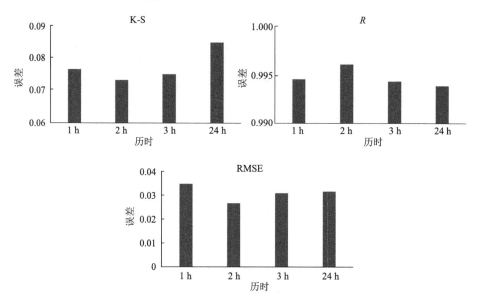

图 2-5　沙坪坝站 1981—2016 年广义极值分布误差分析

表 2-9　沙坪坝站 1981—2016 年广义极值分布误差值

历时	K-S	R	RMSE
1 h	0.077	0.995	0.035
2 h	0.073	0.996	0.027
3 h	0.075	0.995	0.031
24 h	0.085	0.994	0.032

表 2-10　沙坪坝站 1981—2016 年广义极值分布设计雨量(单位:mm)

历时	2 a	3 a	5 a	10 a	20 a	30 a	50 a	100 a
1 h	42.3	48.9	56.0	64.2	71.5	75.5	80.2	86.2
2 h	53.6	62.2	71.6	83.4	94.5	100.9	108.7	119.3
3 h	59.9	69.7	80.5	93.8	106.3	113.4	122.2	133.9
24 h	98.9	115.8	136.4	165.2	196.3	215.8	242.1	281.1

2.6　设计雨量方法的选取

沙坪坝站几种分布函数的误差对比如下(图 2-6):指数分布相较于其他几种分

布,具有更大的误差;其余 4 种分布在不同历时、不同误差统计量上表现略有差异。耿贝尔分布的稳定性较差,在 24 h 具有较大的误差,在 2 h 具有较小的误差。皮尔逊-Ⅲ型分布和对数正态分布在不同历时之间也存在较大的差异。广义极值分布总体误差小,且在各历时之间误差差异不大,模型更加稳定,相对于其他分布具有更强的稳定性和较高的拟合精度。沙坪坝站建议选取广义极值分布计算设计雨量作为最终结果。

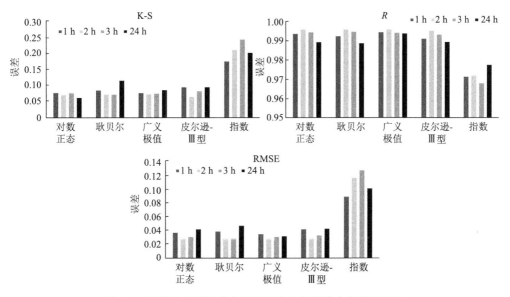

图 2-6　不同分布函数拟合沙坪坝站各历时降水的误差对比

以各误差统计量的最小误差作为标准,统计重庆市 34 个国家站不同历时最优模型的频次(图 2-7)。就 K-S 标准而言,总体以广义极值分布占比最高(占比 34%),皮尔逊-Ⅲ型分布次之(占比 31%),耿贝尔分布和对数正态分布分别占比 25% 和 10%,指数分布仅出现 1 次最优。就 R 标准而言,最优模型占比依次是:广义极值分布(44%)>耿贝尔分布(29%)>皮尔逊-Ⅲ型分布(18%)>对数正态分布(7%)>指数分布(2%)。就 RMSE 标准而言,广义极值分布仍然占比最大(37%),耿贝尔分布和皮尔逊-Ⅲ型分布次之(27%),对数正态分布占比约 8%,指数分布占比仅 2%(见

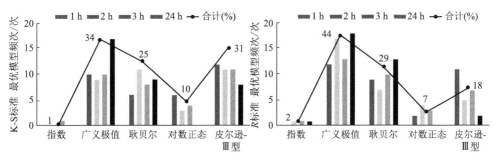

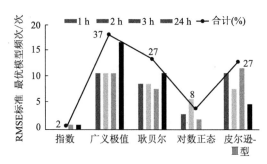

图 2-7　不同误差标准下重庆市 34 个国家站最优模型频次统计

（柱状代表频次,折线代表 4 个历时累计最优模型占比）

表 2-11)。总体而言,广义极值分布具有最好的适用性,耿贝尔分布和皮尔逊-Ⅲ型分布次之,指数分布最差。

表 2-11　不同误差标准下重庆市 34 个国家站不同历时最优模型频次统计及累计比例

标准	概率分布	1 h	2 h	3 h	24 h	合计频次	合计百分比/%
K-S标准	指数	--	--	1	--	1	1
	广义极值	10	9	10	17	46	34
	耿贝尔	6	11	8	9	34	25
	对数正态	6	3	4	--	13	10
	皮尔逊-Ⅲ型	12	11	11	8	42	31
R标准	指数	--	1	1	1	3	2
	广义极值	12	17	13	18	60	44
	耿贝尔	9	7	10	13	39	29
	对数正态	2	4	3	--	9	7
	皮尔逊-Ⅲ型	11	5	7	2	25	18
RMSE标准	指数	--	--	1	1	2	2
	广义极值	11	11	11	17	50	37
	耿贝尔	9	9	8	11	37	27
	对数正态	3	6	2	--	11	8
	皮尔逊-Ⅲ型	11	8	12	5	36	27

2.7　主要结论

本章分析了 5 种极值概率分布在不同历时极值降水中的表现:广义极值分布具

有最好的适用性,耿贝尔分布和皮尔逊-Ⅲ型分布次之,指数分布最差。广义极值分布拟合精度较高,稳定性更强;对数正态分布、耿贝尔分布、皮尔逊-Ⅲ型分布拟合精度整体较高,但在短历时和长历时降水的拟合中表现不稳定,灵活度不够;指数分布拟合曲线具有较大的变率(陡度更大),低重现期计算结果较其他分布偏小,高重现期计算结果偏大,具有较差的拟合精度。

第 *3* 章

暴雨雨型设计

推求设计雨型时程分配的方法有很多,常用的方法有 Pilgrim 和 Cordery 法、同频率分析法、芝加哥雨型法等。《室外排水设计规范》(GB 50014—2021)和城市暴雨强度公式编制和设计暴雨雨型确定技术导则推荐用芝加哥雨型法推求短历时设计雨型时程分配。芝加哥雨型法是根据暴雨强度公式推导得出,是暴雨强度公式的再分布。国内推求的暴雨强度公式一般历时在 3 h 以内,因此这里芝加哥雨型法仅用于 3 h 及以下历时设计雨型推求。岑国平(1989)曾用上海黄渡站降水量资料,用美国 IL-LUDAS 模型模拟了 Huff、Pilgrim 和 Cordery 法雨型下的洪峰流量,结果表明,各种雨型所得的洪峰流量差异较大,其中 Huff 法的洪峰受历时影响非常显著,而 Pilgrim 和 Cordery 法受历时影响较小。同频率分析法是一种相对比较成熟的方法,其主要特点是考虑了长、短历时降水的关联性。目前国内大部分省(市)的水利部门都用此法计算 24 h 的设计暴雨雨型。

综上所述,本章主要采用 Pilgrim 和 Cordery 法、同频率分析法和芝加哥雨型法推求设计雨型时程分配,下面给出这 3 种方法的原理和具体推求步骤。

3.1 雨型模糊识别

雨峰位置是雨型的一个重要表征。天然降水过程千变万化,前苏联莫洛可夫MB(1956)通过对大量降水过程的分析,将降水归纳划分成 7 种水型(图 3-1),通过模糊识别判断每场降水的大致雨型。

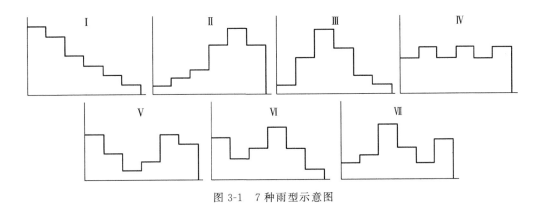

图 3-1 7 种雨型示意图

在以上 7 种雨型中,第 I、II、III 种为单峰雨型,峰值分别在前、后和中部,第 IV 种为大致分布均匀雨型,第 V、VI、VII 种为双峰雨型。模糊识别是通过计算相似度来判断每场降水归属雨型,首先构建判断矩阵和目标矩阵。构建方法为用时段降水量占总降水量的比例构建判断矩阵和目标矩阵,将一场降水划分为 6 个相等的时段,每个时段降水量占总降水量的比例为 $x_i (i=1,2,\cdots,6)$。

判断矩阵用 v_k 表示。

$$v_k = \begin{bmatrix} 7/23 & 6/23 & 4/23 & 3/23 & 2/23 & 1/23 \\ 1/26 & 2/26 & 3/26 & 6/26 & 8/26 & 6/26 \\ 1/20 & 4/20 & 7/20 & 5/20 & 2/20 & 1/20 \\ 3/21 & 4/21 & 3/21 & 4/21 & 3/21 & 4/21 \\ 5/20 & 3/20 & 1/20 & 2/20 & 5/20 & 4/20 \\ 4/18 & 2/18 & 3/18 & 5/18 & 3/18 & 1/18 \\ 2/23 & 3/23 & 7/23 & 4/23 & 2/23 & 5/23 \end{bmatrix} \tag{3.1}$$

目标矩阵用 x 表示。

$$x = [x_1, x_2, x_3, x_4, x_5, x_6] \tag{3.2}$$

相似度计算公式为:

$$\sigma_k = 1 - \sqrt{\frac{1}{6} \sum_{i=1}^{6} (v_{ki} - x_i)^2} \tag{3.3}$$

其中 $k=1,2,\cdots,7$。若第 k 个相似度 σ_k 最大,该场雨就划分为第 k 种雨型。

根据雨型模糊识别方法(莫洛可夫 M B,1956)对沙坪坝 50 个雨型样本进行大致判断,结果如表 3-1。

表 3-1　样本的雨型比例

历时/h	I	II	III	IV	V	VI	VII
60	2%	0%	60%	12%	0%	0%	26%
120	8%	0%	76%	8%	0%	0%	8%

历时/h	I	II	III	IV	V	VI	VII
180	28%	4%	44%	16%	0%	2%	6%
360	14%	0%	56%	16%	0%	6%	8%
540	12%	2%	74%	4%	0%	0%	8%
720	8%	4%	68%	4%	0%	0%	16%
1440	2%	6%	80%	0%	0%	2%	10%

由表 3-1 可以知道,第 III 类单峰型(峰值在中间)最多,占 44%～80%,其次是第 VII 类双峰型,然后是第 I 类单峰型,最少的是第 V 类几乎没有。根据第 I、II、III 种为单峰雨型,峰值分别在前、后和中部,第 4 种为大致分布均匀雨型,第 V、VI、VII 种为双峰雨型进行统计。结果如表 3-2。

表 3-2　归类后的雨型比例

历时/h	单峰雨型	均匀雨型	双峰雨型
60	62%	12%	26%
120	84%	8%	8%
180	76%	16%	8%
360	70%	16%	14%
540	88%	4%	8%
720	80%	4%	16%
1440	88%	0%	12%

由表 3-2 可以知道,综合第 I、II、III 种为单峰雨型后所占比例最大,62%～88%,其次是第 V、VI、VII 种为双峰雨型,最少的是第 IV 种为大致分布均匀雨型,因此在重庆用单峰雨型来表达所有雨型还是比较合适的。

3.2　Pilgrim 和 Cordery 法

Pilgrim 和 Cordery(Pilgrim et al.,1975)法把雨峰时段放在出现可能性最大的位置上,而雨峰时段在总降水量中的比例取各场降水雨峰所占比例的平均值,其他各时段的位置和比例也用同样方法确定。具体步骤如下:

① 选取一定历时的大雨样本。选出降水量最大的多场降水事件,场次愈多统计意义愈明显;

② 将历时分为若干时段,时段长短取决于所期望的时程分布时间步长,一般越小越好。如推求 5 min 时段 180 min 设计暴雨雨型,将步骤①中选取的历时约 180 min 的降水场次分为 36 段;

表 3-3　Pilgrim 和 Cordery 方法示例值

日期 (1)	每英寸总降水量/mm (2)	序号 (3)	每英寸各时段降水量/mm				各时期降水量排序				排序后的各时段降水量占比/%			
			1 (4)	2 (5)	3 (6)	4 (7)	1 (8)	2 (9)	3 (10)	4 (11)	1 (12)	2 (13)	3 (14)	4 (15)
1932-11-20	1.76 (44.6)	1	0.32 (8.0)	0.48 (12.2)	0.48 (12.2)	0.48 (12.2)	4	2	2	2	27	27	27	19
1914-3-20	1.68 (42.7)	2	0.30 (7.6)	0.44 (11.2)	0.44 (11.2)	0.50 (12.7)	4	2.5	2.5	1	30	26	26	18
1943-9-29	1.66 (42.2)	3	0.48 (12.2)	0.46 (11.7)	0.31 (7.9)	0.41 (10.4)	1	2	4	3	29	27	25	19
1922-10-26	1.57 (39.9)	4	0.42 (10.7)	0.65 (16.5)	0.35 (8.9)	0.15 (3.8)	2	1	3	4	41	27	22	10
1913-3-9	1.53 (38.9)	5	0.18 (4.6)	0.50 (12.7)	0.45 (11.4)	0.40 (10.2)	4	1	2	3	33	29	26	12
1919-10-25	1.50 (38.2)	6	0.40 (10.2)	0.27 (6.9)	0.41 (10.4)	0.42 (10.7)	3	4	2	1	28	27	27	18
1961-11-20	1.40 (35.6)	7	0.35 (8.9)	0.35 (8.9)	0.35 (8.9)	0.35 (8.9)	2.5	2.5	2.5	2.5	25	25	25	25
1926-1-19	1.39 (35.3)	8	0.36 (9.1)	0.48 (12.2)	0.40 (10.2)	0.15 (3.8)	3	1	2	4	35	29	26	10
1951-9-25	1.37 (34.8)	9	0.44 (11.2)	0.20 (5.1)	0.37 (9.4)	0.36 (9.1)	1	4	2	3	32	27	26	15
1949-6-15	1.33 (33.7)	10	0.42 (10.7)	0.40 (10.2)	0.35 (8.9)	0.16 (3.9)	1	2	3	4	32	30	26	12
平均值							2.55	2.20	2.50	2.75	31	27	26	16
均方差							1.25	1.11	0.66	1.13	4.6	1.5	1.4	4.8
排序后的位置							3	1	2	4				
时段							1	2	3	4				
最终结果（占总降水量百分比）							25	31	27	16				

③ 选取的每场降水,根据各时段降水量由大到小确定各时段序号,大降水量对应小号,将每个对应时段的序号取平均值,取值由小到大分别确定为雨强由大到小的顺序(表 3-3 中(8)～(11)列);

④ 计算每个时段各次降水量与总降水量的百分比,取各时段平均百分数(表 3-3 中(12)～(15)列);

⑤ 以第③步所确定的最大可能次序和第④步中确定的分配比例安排时段,构成雨量过程线。(Pilgrim et al.,1975)。

据此计算得到的设计雨型如:图 3-2～图 3-5、表 3-4～表 3-7。坐标说明:横坐标为时段(5 min),纵坐标为 5 min 的降水量占总降水量的百分比。由于设计暴雨雨型的本质是降水在时间上的分配过程,自然也可以用每个单元降水量占样本总降水量的百分比在时间上的分配来代替。因此通过设计雨型乘以不同重现期的设计雨量(由概率分布曲线拟合得到),即可得到不同重现期降水的设计雨型降水值。

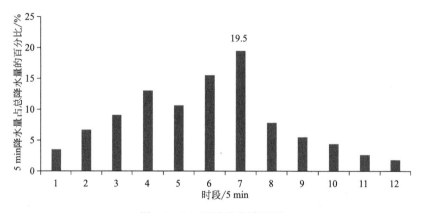

图 3-2　1 h 历时的设计雨型

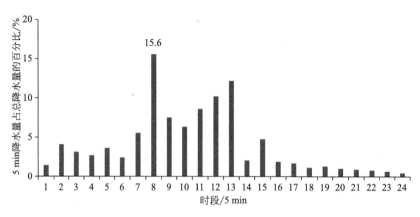

图 3-3　2 h 历时的设计雨型

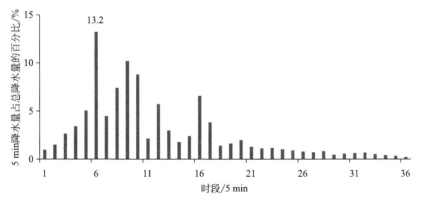

图 3-4　3 h 历时的设计雨型

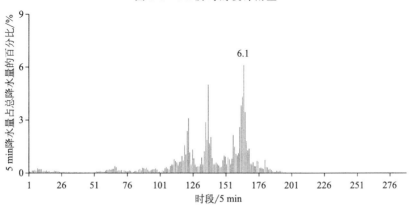

图 3-5　24 h 历时的设计雨型

表 3-4　1 h 历时各时段比例

时段	1	2	3	4	5	6	7	8	9	10	11	12
比例/%	3.5	6.7	9.1	13.0	10.6	15.5	19.5	7.8	5.5	4.4	2.6	1.8

表 3-5　2 h 历时各时段比例

时段	1	2	3	4	5	6	7	8	9	10	11	12
比例/%	1.4	4.1	3.1	2.7	3.6	2.4	5.5	15.6	7.5	6.3	8.6	10.2
时段	13	14	15	16	17	18	19	20	21	22	23	24
比例/%	12.2	2.1	4.8	1.9	1.7	1.2	1.3	1.0	0.9	0.8	0.7	0.5

表 3-6　3 h 历时各时段比例

时段	1	2	3	4	5	6	7	8	9	10	11	12
比例/%	1.0	1.5	2.7	3.4	5.1	13.2	4.5	7.4	10.2	8.8	2.2	5.7
时段	13	14	15	16	17	18	19	20	21	22	23	24
比例/%	3.0	11.8	2.4	6.6	3.8	1.4	1.6	2.0	1.3	1.1	1.2	1.0

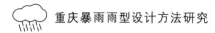

续表

时段	25	26	27	28	29	30	31	32	33	34	35	36
比例/%	0.9	0.8	0.7	0.8	0.5	0.6	0.6	0.7	0.5	0.4	0.4	0.2

表 3-7　24 h 历时各时段比例

时段	1	2	3	4	5	6	7	8	9	10	11	12
比例/%	0.1	0.1	0.1	0.1	0.2	0.1	0.3	0.2	0.2	0.2	0.1	0.1
时段	13	14	15	16	17	18	19	20	21	22	23	24
比例/%	0.1	0.1	0.1	0.1	0.1	0.1	0.1	0.1	0.1	0.1	0.1	0.1
时段	25	26	27	28	29	30	31	32	33	34	35	36
比例/%	0.0	0.1	0.1	0.1	0.1	0.0	0.0	0.0	0.0	0.0	0.0	0.0
时段	37	38	39	40	41	42	43	44	45	46	47	48
比例/%	0.0	0.0	0.0	0.0	0.0	0.0	0.0	0.0	0.0	0.0	0.0	0.0
时段	49	50	51	52	53	54	55	56	57	58	59	60
比例/%	0.0	0.0	0.0	0.1	0.1	0.1	0.1	0.1	0.1	0.1	0.1	0.2
时段	61	62	63	64	65	66	67	68	69	70	71	72
比例/%	0.2	0.2	0.2	0.2	0.2	0.4	0.3	0.1	0.2	0.1	0.2	0.0
时段	73	74	75	76	77	78	79	80	81	82	83	84
比例/%	0.1	0.1	0.1	0.1	0.1	0.1	0.1	0.1	0.1	0.1	0.1	0.2
时段	85	86	87	88	89	90	91	92	93	94	95	96
比例/%	0.2	0.1	0.3	0.3	0.2	0.3	0.2	0.1	0.1	0.2	0.2	0.2
时段	97	98	99	100	101	102	103	104	105	106	107	108
比例/%	0.3	0.2	0.1	0.1	0.0	0.1	0.1	0.3	0.3	0.2	0.2	0.4
时段	109	110	111	112	113	114	115	116	117	118	119	120
比例/%	0.5	0.4	0.8	0.7	0.6	0.4	0.6	0.7	0.1	0.7	1.6	1.0
时段	121	122	123	124	125	126	127	128	129	130	131	132
比例/%	2.4	3.1	1.2	0.5	1.3	0.8	0.5	0.4	0.4	0.4	0.5	0.9
时段	133	134	135	136	137	138	139	140	141	142	143	144
比例/%	0.5	1.2	2.9	1.9	5.0	1.7	2.0	0.9	0.6	0.5	0.6	0.6
时段	145	146	147	148	149	150	151	152	153	154	155	156
比例/%	0.4	0.3	0.3	0.7	1.0	0.9	0.5	0.9	0.8	0.5	0.8	2.2
时段	157	158	159	160	161	162	163	164	165	166	167	168
比例/%	1.5	1.1	1.0	1.1	2.6	3.8	4.3	6.1	3.5	1.8	1.3	1.4
时段	169	170	171	172	173	174	175	176	177	178	179	180
比例/%	0.6	0.5	0.6	0.4	0.4	0.7	0.6	0.3	0.3	0.3	0.2	0.8

时段	181	182	183	184	185	186	187	188	189	190	191	192
比例/%	0.3	0.3	0.2	0.2	0.2	0.1	0.1	0.1	0.1	0.1	0.1	0.1
时段	193	194	195	196	197	198	199	200	201	202	203	204
比例/%	0.1	0.0	0.0	0.0	0.0	0.0	0.0	0.0	0.0	0.0	0.0	0.0
时段	205	206	207	208	209	210	211	212	213	214	215	216
比例/%	0.0	0.0	0.0	0.0	0.0	0.0	0.0	0.0	0.0	0.0	0.0	0.0
时段	217	218	219	220	221	222	223	224	225	226	227	228
比例/%	0.0	0.0	0.0	0.0	0.0	0.0	0.0	0.0	0.0	0.0	0.0	0.0
时段	229	230	231	232	233	234	235	236	237	238	239	240
比例/%	0.0	0.0	0.0	0.0	0.0	0.0	0.0	0.0	0.0	0.0	0.0	0.0
时段	241	242	243	244	245	246	247	248	249	250	251	252
比例/%	0.0	0.0	0.0	0.0	0.0	0.007	0.0	0.0	0.0	0.0	0.0	0.0
时段	253	254	255	256	257	258	259	260	261	262	263	264
比例/%	0.0	0.0	0.0	0.0	0.0	0.0	0.0	0.0	0.0	0.0	0.0	0.0
时段	265	266	267	268	269	270	271	272	273	274	275	276
比例/%	0.0	0.0	0.0	0.0	0.0	0.0	0.0	0.0	0.0	0.0	0.0	0.0
时段	277	278	279	280	281	282	283	284	285	286	287	288
比例/%	0.0	0.0	0.0	0.0	0.0	0.0	0.0	0.0	0.0	0.0	0.0	0.0

3.3　同频率分析法

同频率分析法,又称"长包短",特点是在同一重现期水平下,按照出现次数最多的情况确定时间序位,以均值确定各时段降水量的比例(Li et al.,2018)。例如取 5 min 为最小时段推求 15 min 的降水分配,其步骤如下:

① 从年系列降水量资料中摘取出 5 min、15 min 最大降水过程,并统计 5 min、15 min 的时段降水量;

② 统计出的时段降水量进行排频计算得出重现期下的 5 min、15 min 时段降水量;

③ 将 15 min 暴雨过程分为 P1、P2、P3 三段,统计对应重现期下最大 15 min 暴雨中最大 5 min 暴雨出现频率最多的位置(见图 3-2),6 场 15 min 时段,最大 5 min 发生在 P1 段,有 3 场,4、5、6 场;

④ 剩余 2 部分 P2、P3 按照多场实测典型降水过程计算均值(图 3-6),以均值确定两者分配比例(H15-H5)。

⑤ 将对应重现期下的 15 min 和 5 min 降水代入即得到对应重现期 15 min 雨型分配过程。

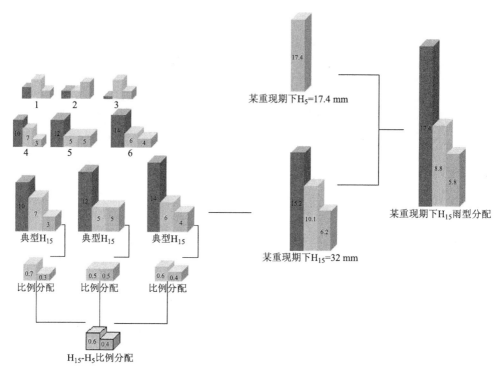

图 3-6 推求某重现期下 H15 雨型分配过程示意图(另见彩插)

借鉴同频率分析法的思路,峰值位置采用平均位置确定,峰值强度采用最大 5 min 平均强度替代,剩余时段按平均值确定分配比例。图 3-7～图 3-10 就是按照以上设计的所有历时的暴雨设计雨型图及其各时段的比例。坐标说明:图 3-7～图 3-10 横坐标为时段(5 min),纵坐标为 5 min 的降水量占总降水量的百分比。表 3-8～表 3-11 分别为 1 h、2 h、3 h 和 24 h 4 个历时各时段的比例。

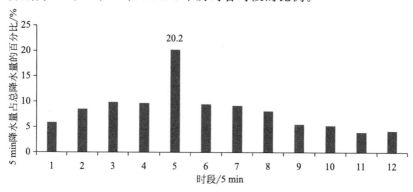

图 3-7 1 h 历时的设计雨型

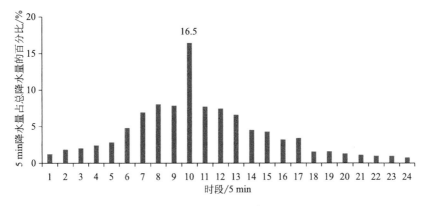

图 3-8　2 h 历时的设计雨型

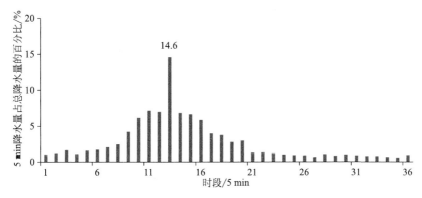

图 3-9　3 h 历时的设计雨型

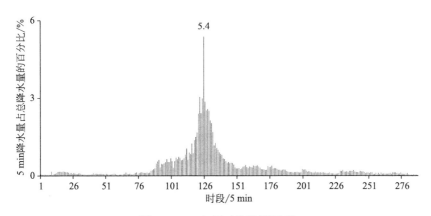

图 3-10　24 h 历时的设计雨型

表 3-8　1 h 历时各时段比例

时段	1	2	3	4	5	6	7	8	9	10	11	12
比例/%	5.9	8.5	9.9	9.7	20.2	9.5	9.2	8.1	5.6	5.3	3.9	4.2

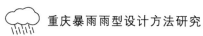

表 3-9　2 h 历时各时段比例

时段	1	2	3	4	5	6	7	8	9	10	11	12
比例/%	1.2	1.8	2.0	2.4	2.8	4.8	7.0	8.1	7.9	16.5	7.7	7.5
时段	13	14	15	16	17	18	19	20	21	22	23	24
比例/%	6.6	4.5	4.3	3.2	3.4	1.6	1.6	1.3	1.1	1.0	1.0	0.8

表 3-10　3 h 历时各时段比例

时段	1	2	3	4	5	6	7	8	9	10	11	12
比例/%	1.0	1.2	1.7	1.1	1.6	1.8	2.1	2.5	4.2	6.2	7.1	7.0
时段	13	14	15	16	17	18	19	20	21	22	23	24
比例/%	14.6	6.8	6.6	5.9	4.0	3.8	2.8	3.0	1.4	1.4	1.2	1.0
时段	25	26	27	28	29	30	31	32	33	34	35	36
比例/%	0.9	0.9	0.7	1.1	0.8	1.0	0.9	0.8	0.8	0.7	0.6	0.9

表 3-11　24 h 历时各时段比例

时段	1	2	3	4	5	6	7	8	9	10	11	12
比例/%	0.1	0.0	0.0	0.1	0.0	0.0	0.0	0.0	0.2	0.0	0.1	0.1
时段	13	14	15	16	17	18	19	20	21	22	23	24
比例/%	0.1	0.2	0.2	0.2	0.2	0.2	0.2	0.1	0.1	0.1	0.1	0.1
时段	25	26	27	28	29	30	31	32	33	34	35	36
比例/%	0.1	0.1	0.1	0.1	0.1	0.1	0.1	0.1	0.1	0.1	0.1	0.0
时段	37	38	39	40	41	42	43	44	45	46	47	48
比例/%	0.1	0.1	0.1	0.1	0.1	0.1	0.1	0.1	0.1	0.1	0.1	0.1
时段	49	50	51	52	53	54	55	56	57	58	59	60
比例/%	0.1	0.1	0.1	0.1	0.1	0.1	0.1	0.1	0.1	0.1	0.0	0.0
时段	61	62	63	64	65	66	67	68	69	70	71	72
比例/%	0.1	0.1	0.1	0.1	0.1	0.1	0.1	0.1	0.1	0.1	0.1	0.1
时段	73	74	75	76	77	78	79	80	81	82	83	84
比例/%	0.1	0.1	0.1	0.1	0.1	0.1	0.1	0.1	0.1	0.1	0.1	0.1
时段	85	86	87	88	89	90	91	92	93	94	95	96
比例/%	0.2	0.2	0.3	0.3	0.5	0.6	0.6	0.3	0.5	0.5	0.5	0.5
时段	97	98	99	100	101	102	103	104	105	106	107	108
比例/%	0.7	0.5	0.5	0.7	0.6	0.3	0.6	0.7	0.6	0.7	0.7	0.6
时段	109	110	111	112	113	114	115	116	117	118	119	120
比例/%	0.6	0.7	0.8	1.1	0.6	0.9	0.9	1.3	0.9	1.4	1.5	1.7

续表

时段	121	122	123	124	125	126	127	128	129	130	131	132
比例/%	2.4	3.1	2.4	3.0	5.4	2.9	2.5	2.6	2.5	2.1	2.0	1.7
时段	133	134	135	136	137	138	139	140	141	142	143	144
比例/%	1.2	1.3	1.1	1.0	0.9	0.9	0.8	0.7	0.7	0.6	0.5	0.5
时段	145	146	147	148	149	150	151	152	153	154	155	156
比例/%	0.5	0.5	0.5	0.4	0.3	0.4	0.3	0.3	0.3	0.3	0.4	0.4
时段	157	158	159	160	161	162	163	164	165	166	167	168
比例/%	0.4	0.3	0.3	0.4	0.3	0.3	0.4	0.4	0.4	0.4	0.4	0.3
时段	169	170	171	172	173	174	175	176	177	178	179	180
比例/%	0.3	0.3	0.3	0.2	0.2	0.4	0.3	0.3	0.4	0.3	0.3	0.3
时段	181	182	183	184	185	186	187	188	189	190	191	192
比例/%	0.3	0.2	0.2	0.2	0.2	0.2	0.2	0.2	0.2	0.1	0.1	0.1
时段	193	194	195	196	197	198	199	200	201	202	203	204
比例/%	0.1	0.1	0.1	0.2	0.1	0.1	0.1	0.3	0.2	0.2	0.2	0.2
时段	205	206	207	208	209	210	211	212	213	214	215	216
比例/%	0.2	0.2	0.1	0.1	0.1	0.2	0.2	0.1	0.1	0.1	0.1	0.1
时段	217	218	219	220	221	222	223	224	225	226	227	328
比例/%	0.1	0.1	0.1	0.1	0.1	0.1	0.1	0.1	0.1	0.1	0.1	0.1
时段	229	230	231	232	233	234	235	236	237	238	239	240
比例/%	0.2	0.2	0.2	0.2	0.2	0.2	0.1	0.2	0.2	0.2	0.2	0.2
时段	241	242	243	244	245	246	247	248	249	250	251	252
比例/%	0.1	0.1	0.1	0.2	0.2	0.2	0.1	0.1	0.1	0.1	0.1	0.1
时段	253	254	255	256	257	258	259	260	261	262	263	264
比例/%	0.1	0.1	0.1	0.1	0.1	0.1	0.1	0.1	0.1	0.1	0.1	0.1
时段	265	266	267	268	269	270	271	272	273	274	275	276
比例/%	0.1	0.1	0.1	0.1	0.1	0.1	0.1	0.1	0.1	0.1	0.1	0.1
时段	277	278	279	280	281	282	283	284	285	286	287	288
比例/%	0.1	0.1	0.1	0.15	0.1	0.0	0.0	0.0	0.1	0.0	0.0	0.0

3.4 芝加哥雨型法

芝加哥雨型法是基于暴雨强度公式,雨峰的位置由暴雨统计资料确定。令雨型强度过程的总历时为 t_0,峰前的瞬时强度曲线为 I_a,相应的历时为 t_a,降水累计量为

H_a，峰后的瞬时强度曲线为 I_b，相应的历时为 t_b，降水累计量为 H_b，总降水量 $H_T = H_a + H_b$。令 $t_0 = 1$，强度高峰点的位置为 r（0～1 之间），则 $t_0 = \dfrac{t_a}{r} = \dfrac{t_b}{(1-r)}$。取暴雨强度公式 $i = \dfrac{A}{(T+b)^n}$ 型，取雨峰时间坐标为 0 点，则雨峰前后的平均强度 i_a 与 i_b：

当 $0 \leqslant t \leqslant t_a$ 时：

$$i_a = \frac{A}{\left(\dfrac{t}{r}+b\right)^n} = \frac{r^n A}{(t+rb)^n} \tag{3.4}$$

当 $0 \leqslant t \leqslant t_b$ 时：

$$i_b = \frac{A}{\left(\dfrac{t}{1-r}+b\right)^n} = \frac{(1-r)^n A}{[t+b(1-r)]^n} \tag{3.5}$$

因此得强度高峰前后的瞬时强度 I_a 与 I_b 为：

当 $0 \leqslant t \leqslant t_a$ 时：

$$I_a = \frac{d}{dt}\left(\frac{r^n A}{(t+rb)^n}t\right) = \frac{(1-n)r^n A}{(t+rb)^n} + \frac{nbr^{n+1}A}{(t+rb)^{n+1}} \tag{3.6}$$

当 $0 \leqslant t \leqslant t_b$ 时：

$$I_b = \frac{d}{dt}\left(\frac{(1-r)^n A}{[t+(1-r)b]^n}t\right) = \frac{(1-n)(1-r)^n A}{[t+(1-r)b]^n} + \frac{nb(1-r)^{n+1}A}{[t+(1-r)b]^{n+1}} \tag{3.7}$$

由上两式导得模式雨型降水累计量过程线，算式如下：

当 $0 \leqslant t \leqslant rT$ 时：

$$H = \int_0^t I_a dt = H_T\left\{r - \left(r-\frac{t}{T}\right)\left[1-\frac{t}{r(T+b)}\right]^{-n}\right\} \tag{3.8}$$

当 $rT \leqslant t \leqslant T$ 时：

$$H = rH_T + \int_{rT}^T I_b dt = H_T\left\{r + \left(\frac{t}{T}-r\right)\left[1+\frac{t-T}{(1-r)(T+b)}\right]^{-n}\right\} \tag{3.9}$$

芝加哥雨型法的具体做法就是综合雨峰位置系数及芝加哥降水过程模型的确定。雨峰的位置由暴雨统计资料确定。其中雨峰位置系数 r 是根据不同历时降水的雨峰位置系数的加权平均确定；在求出综合雨峰位置系数 r 之后，可利用公式，通过积分公式计算暴雨过程线各时段（5 min）的累积降水量及平均降水量，最终得到各不同历时的雨型（戴有学 等，2017）。图 3-11～图 3-13 为按照以上方法设计的 1～3 h（短历时）的暴雨设计雨型图。由于该方法的取样样本最长只有 180 min，故没有用于设计 24 min 雨型。下面就是 1～3 h 的暴雨设计雨型图。坐标说明：图 3-11～图 3-13 横坐标为时段（5 min），纵坐标为 5 min 的降水量占总降水量的百分比。表 3-12～表 3-14 分别为 1 h、2 h 和 3 h 3 个历时暴雨过程的比例。

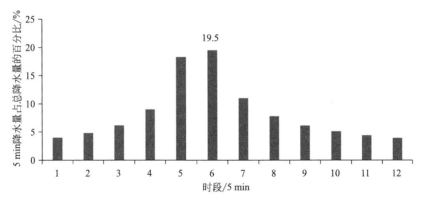

图 3-11 1 h 的设计雨型

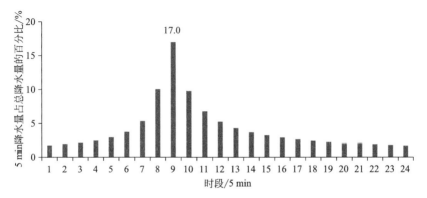

图 3-12 2 h 的设计雨型

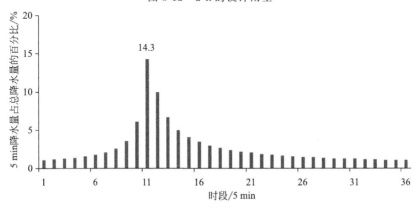

图 3-13 3 h 的设计雨型

表 3-12 1 h 设计暴雨过程比例

时段	1	2	3	4	5	6	7	8	9	10	11	12
比例/%	4.0	4.8	6.2	9.0	18.3	19.5	11.0	7.8	6.1	5.1	4.4	3.9

表 3-13　2 h 设计暴雨过程比例

时段	1	2	3	4	5	6	7	8	9	10	11	12
比例/%	1.7	1.9	2.1	2.5	3.0	3.8	5.3	10.0	17.0	9.8	6.8	5.2
时段	13	14	15	16	17	18	19	20	21	22	23	24
比例/%	4.3	3.7	3.2	2.9	2.6	2.4	2.2	2.1	2.0	1.9	1.8	1.7

表 3-14　3 h 设计暴雨过程比例

时段	1	2	3	4	5	6	7	8	9	10	11	12
比例/%	1.1	1.2	1.3	1.4	1.6	1.8	2.1	2.6	3.6	6.1	14.3	10.0
时段	13	14	15	16	17	18	19	20	21	22	23	24
比例/%	6.7	5.0	4.1	3.5	3.0	2.7	2.4	2.2	2.1	1.9	1.8	1.7
时段	25	26	27	28	29	30	31	32	33	34	35	36
比例/%	1.6	1.5	1.5	1.4	1.3	1.3	1.3	1.2	1.2	1.1	1.1	1.1

3.5　强降水自然滑动雨型法(NRMR 法)

本书结合"滑动"和"自然强降水过程"的核心思想,设计一种新的取样方法并称之为"强降水自然滑动取样法"(Liao et al.,2019)。取样步骤如下:

① 首先滑动从每年逐分钟降水数据挑选 1440 min 累计降水量≥50.0 mm(在降水偏少的地区也可以用 25.0 mm 作为阈值,主要根据当地的可能产生城市积涝的降水量来选取阈值),滑动不受日、月界限制,但不跨年挑取,有几场选几场,不重复;

② 从①得到的样本中再滑动选取各历时(如:1 h、2 h、3 h、24 h)降水最大值(一年选一个)作为相应历时的样本;

③ 得到 4 个历时的 N 年 N 个样本,再对已选取的每个历时样本分别以汇水时间作为单元(也可以 2 min 作为汇水时间,具体根据当地的汇水时间为准)来统计;

④ 在任何一个历时中,选取单元最大值的位置作为样本的峰值位置,然后把所有样本峰值位置的平均值作为相应历时的雨型峰值位置;

⑤ 根据上一步计算得到的雨型峰值位置,在保证①、②、③步骤所得样本的时间区间长度不变的情况下对样本起止时间点进行左右同步滑动,使每个新样本的峰值位置与④中的平均峰值位置一致,从而得到新的相应历时样本(廖代强 等,2019)。

具体情况如图 3-14。图 3-14a 所示为 2003 年根据①、②、③步骤所得的某 3 h 历时样本,其中灰色部分为处理前的样本时间区间,斜线标注的是移动前样本的峰值位置,即样本的第 28 个单元。图 3-14b 中灰色部分为移动后的样本时间区间,也就是把 28 单元向前移动 15 单元与第 13 个单元(所有样本的峰值的平均位置)对齐。前面移除 15 个单元,后面就在原样本中移进 15 个单元。保证所有样本都是一次自然降水过程。

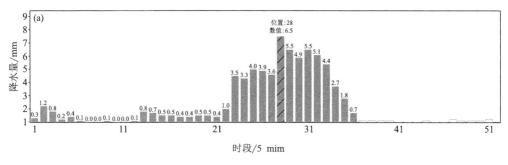

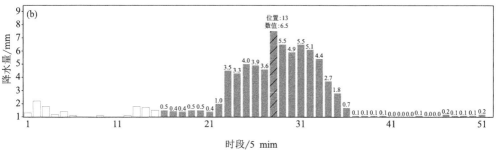

图 3-14　自然滑动处理示意图

（a. 灰色部分为滑动前所选样本；b. 灰色为滑动后所选样本）

图 3-15a 所示为 24 h 历时全部取样样本在自然滑动处理前的时间分布，即峰值位置不变的时间分布图；图 3-15b 所示为自然滑动处理后的时间分布，即峰值位置对齐后的时间分布图。可以看到，经过自然滑动处理后的样本，峰值位置集中到了一起，每个样本的降水时间分布仍然是一次完整的降水过程，并直接用于雨型设计。

具体方法如下（Liao et al.，2019）：

$$P_k = \frac{\sum_{j=(k-1)\times5+1}^{k\times5} X_j}{\sum_{i=1}^{n} X_i} \tag{3.10}$$

其中：X 代表不同历时的逐分钟降水序列；

n 为不同历时总分钟数；

k 代表该序列中 5 min 时间段（也可以是 2 min，具体以当地的汇水时间为准）的索引；

P_k 为当前历时降水序列中第 k 个 5 min 的百分比。

简而言之，即当每个样本的峰值都移动到平均峰值位置后，再对每个 5 min 段的数值做平均，得到新的数列就是我们所设计的各历时的设计雨型。据此得到的设计

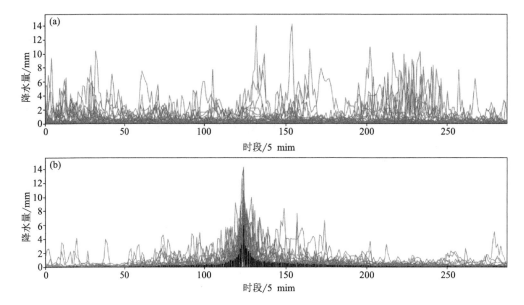

图 3-15　峰值位置不变(a)与峰值位置对齐(b)的 24 h 历时样本时间分布

（灰色折线为每个样本的分布,灰色柱状为样本平均值的时间分布）

雨型如图 3-16～图 3-19。由于设计暴雨雨型的本质是降水在时间上的分配过程,自然也可以用每个单元降水量占样本总降水量的百分比在时间上的分配来代替。因此通过设计雨型乘不同重现期的设计雨量(由概率分布曲线拟合得到),即可得到不同重现期降水的设计雨型降水值。图 3-16～图 3-19 就是按照以上设计的所有历时暴雨设计雨型及其各时段的比例图。坐标说明:图 3-16～图 3-19 横坐标为时段(5 min),纵坐标为 5 min 的降水量占总降水量的百分比。表 3-15～表 3-18 分别为 1 h、2 h、3 h 和 24 h 4 个历时各时段比例。

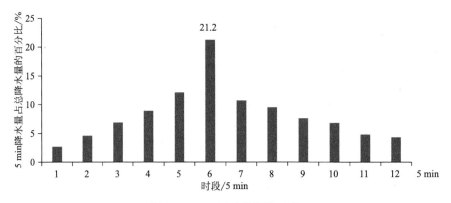

图 3-16　1 h 历时的设计雨型

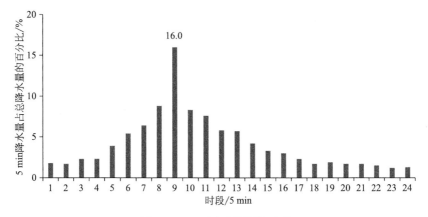

图 3-17　2 h 历时的设计雨型

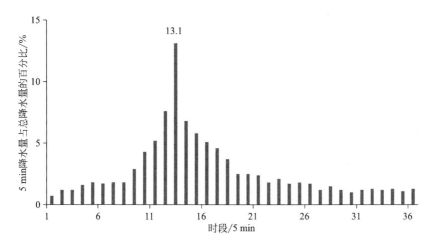

图 3-18　3 h 历时的设计雨型

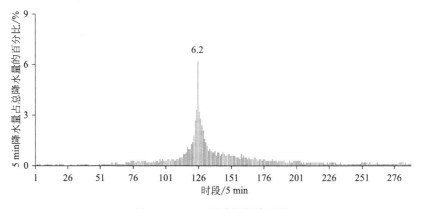

图 3-19　24 h 历时的设计雨型

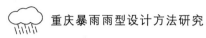

表 3-15　1 h 历时各时段比例

时段	1	2	3	4	5	6	7	8	9	10	11	12
比例/%	2.7	4.6	6.9	8.9	12.1	21.2	10.7	9.5	7.6	6.8	4.8	4.3

表 3-16　2 h 历时各时段比例

时段	1	2	3	4	5	6	7	8	9	10	11	12
比例/%	1.8	1.7	2.3	2.3	3.9	5.4	6.4	8.8	16.0	8.3	7.6	5.8
时段	13	14	15	16	17	18	19	20	21	22	23	24
比例/%	5.7	4.2	3.3	3.0	2.3	1.7	1.9	1.7	1.7	1.5	1.2	1.3

表 3-17　3 h 历时各时段比例

时段	1	2	3	4	5	6	7	8	9	10	11	12
比例/%	0.7	1.2	1.2	1.6	1.8	1.7	1.8	1.8	2.9	4.3	5.2	7.6
时段	13	14	15	16	17	18	19	20	21	22	23	24
比例/%	13.1	6.8	5.8	5.1	4.6	3.7	2.5	2.5	2.4	1.8	2.1	1.7
时段	25	26	27	28	29	30	31	32	33	34	35	36
比例/%	1.8	1.7	1.2	1.5	1.2	1.0	1.2	1.3	1.2	1.3	1.1	1.3

表 3-18　24 h 历时各时段比例

时段	1	2	3	4	5	6	7	8	9	10	11	12
比例/%	0.0	0.1	0.1	0.1	0.0	0.0	0.0	0.1	0.1	0.1	0.1	0.1
时段	13	14	15	16	17	18	19	20	21	22	23	24
比例/%	0.1	0.0	0.0	0.1	0.1	0.0	0.1	0.1	0.1	0.1	0.0	0.0
时段	25	26	27	28	29	30	31	32	33	34	35	36
比例/%	0.0	0.0	0.0	0.1	0.0	0.0	0.0	0.0	0.1	0.1	0.1	0.1
时段	37	38	39	40	41	42	43	44	45	46	47	48
比例/%	0.1	0.1	0.1	0.1	0.1	0.0	0.0	0.0	0.0	0.0	0.0	0.0
时段	49	50	51	52	53	54	55	56	57	58	59	60
比例/%	0.0	0.1	0.0	0.1	0.1	0.1	0.1	0.1	0.1	0.1	0.2	0.2
时段	61	62	63	64	65	66	67	68	69	70	71	72
比例/%	0.1	0.2	0.2	0.1	0.1	0.1	0.1	0.1	0.1	0.2	0.2	0.2
时段	73	74	75	76	77	78	79	80	81	82	83	84
比例/%	0.2	0.3	0.3	0.3	0.2	0.2	0.3	0.3	0.2	0.3	0.3	0.3
时段	85	86	87	88	89	90	91	92	93	94	95	96
比例/%	0.3	0.2	0.2	0.2	0.2	0.2	0.3	0.2	0.3	0.3	0.2	0.4

续表

时段	97	98	99	100	101	102	103	104	105	106	107	108
比例/%	0.3	0.4	0.3	0.3	0.3	0.4	0.4	0.3	0.4	0.4	0.3	0.3
时段	109	110	111	112	113	114	115	116	117	118	119	120
比例/%	0.4	0.4	0.5	0.5	0.5	0.7	0.7	0.8	1.1	1.0	1.0	1.3
时段	121	122	123	124	125	126	127	128	129	130	131	132
比例/%	1.4	1.8	2.7	3.3	6.2	3.2	2.8	2.4	2.1	1.6	1.4	1.2
时段	133	134	135	136	137	138	139	140	141	142	143	144
比例/%	0.9	1.0	0.9	0.8	0.8	0.9	0.6	0.8	0.8	0.6	0.7	0.8
时段	145	146	147	148	149	150	151	152	153	154	155	156
比例/%	0.7	0.6	0.6	0.7	0.7	0.6	0.6	0.6	0.6	0.5	0.5	0.5
时段	157	158	159	160	161	162	163	164	165	166	167	168
比例/%	0.4	0.7	0.5	0.6	0.5	0.5	0.4	0.5	0.4	0.4	0.4	0.5
时段	169	170	171	172	173	174	175	176	177	178	179	180
比例/%	0.5	0.4	0.3	0.4	0.4	0.3	0.4	0.4	0.3	0.3	0.3	0.3
时段	181	182	183	184	185	186	187	188	189	190	191	192
比例/%	0.3	0.4	0.3	0.3	0.3	0.2	0.3	0.3	0.3	0.3	0.3	0.2
时段	193	194	195	196	197	198	199	200	201	202	203	204
比例/%	0.2	0.2	0.3	0.2	0.2	0.3	0.3	0.3	0.3	0.3	0.3	0.2
时段	205	206	207	208	209	210	211	212	213	214	215	216
比例/%	0.1	0.2	0.1	0.2	0.2	0.2	0.2	0.2	0.2	0.2	0.2	0.2
时段	217	218	219	220	221	222	223	224	225	226	227	228
比例/%	0.2	0.2	0.2	0.2	0.2	0.1	0.1	0.2	0.1	0.2	0.2	0.2
时段	229	230	231	232	233	234	235	236	237	238	239	240
比例/%	0.2	0.2	0.1	0.1	0.1	0.2	0.1	0.1	0.1	0.1	0.1	0.1
时段	241	242	243	244	245	246	247	248	249	250	251	252
比例/%	0.1	0.1	0.1	0.1	0.1	0.1	0.1	0.1	0.1	0.2	0.2	0.2
时段	253	254	255	256	257	258	259	260	261	262	263	264
比例/%	0.2	0.2	0.1	0.2	0.2	0.1	0.1	0.1	0.1	0.2	0.1	0.1
时段	265	266	267	268	269	270	271	272	273	274	275	276
比例/%	0.1	0.1	0.1	0.1	0.1	0.1	0.1	0.1	0.1	0.1	0.1	0.1
时段	277	278	279	280	281	282	283	284	285	286	287	288
比例/%	0.1	0.1	0.2	0.2	0.2	0.2	0.1	0.2	0.1	0.1	0.1	0.1

3.6 主要结论

① 根据模糊识别判断重庆的暴雨类型大致雨型是第Ⅰ、Ⅱ、Ⅲ种为单峰雨型,所占比例最大,为62%~88%,其次是第Ⅴ、Ⅵ、Ⅶ种为双峰雨型,最少的是第Ⅳ种为大致分布均匀雨型,因此在重庆用单峰雨型来表达所有雨型还是比较合适的。

② 在4种不同设计雨型方法中,除Pilgrim和Cordery法外,其余3种方法在1~3 h的峰值位置相差不大;同频率分析法和NRMR法最相近。就峰值强度来看,4种不同设计雨型方法都基本相同。具体如表3-19。

表 3-19　不同设计雨型方法结果比较

设计雨型历时	Pilgrim 和 Cordery 法		芝加哥雨型法		同频率分析法		NRMR 法	
	峰值强度	峰值位置	峰值强度	峰值位置	峰值强度	峰值位置	峰值强度	峰值位置
1 h	19.5%	7	19.5%	6	20.2%	5	21.2%	6
2 h	15.6%	8	17.0%	9	16.5%	10	16.0%	10
3 h	13.2%	6	14.3%	11	14.6%	13	13.1%	13
24 h	6.0%	49			5.6%	125	6.2%	125

第 4 章

设计雨型选取

目前,比较经典的方法有:Keifer 和 Chu(1957)提出的一种基于强度-时间-频率(IDF)曲线和暴雨强度公式的方法,这种方法被称为芝加哥雨型法;Pilgrim 和 Cordery(1975)开发的基于统计原理(称为 Pilgrim 和 Cordery 法)的一个排序的平均的雨型设计方法;Yen 和 Chow(1980)提出的一种三角形形状的雨型设计方法;除上述经典方法外,还有一些新的设计雨型方法,如同频率分析法、NRMR 法等(Liao et al.,2019;Cheng et al.,2001;Lin et al.,2007;Powell et al.,2008;Kottegoda et al.,2014)。另外,不同的设计雨型也会导致降水径流的计算结果产生差异,若设计雨型不合适,会引起很大误差(岑国平,1993)。不同暴雨雨型方法之间也存在优劣:岑国平等(1999)对 Huff(Huff.,1967)、Pilgrim 和 Cordery、Yen 和 Chow 以及 Keifer 和 Chu 4 种雨型进行了对比,结果表明,不同设计雨型法所得的洪峰流量差异较大,且不同方法对降水历时、降水资料本身的敏感性皆有不同。但国内外学者很少对设计出来的雨型能否代表当地情况做对比研究。

针对这一现状,本书采用目前国内常用的芝加哥雨型法、Pilgrim 和 Cordery 法、同频率分析法和 NRMR 法分别设计短历时(1~3 h)和长历时(24 h)的 4 种设计暴雨雨型,然后用设计的暴雨雨型结果与 1961—2016 年可能导致积涝的实际降水过程样本(这些样本未参与设计雨型)做对比分析。希望能达到检验哪种雨型方法的设计结果最优的目的。本书采用的资料是重庆市沙坪坝国家基本站的 1961—2016 年逐分钟降水资料,取样方法采用强降水自然滑动取样法(廖代强 等,2019),每年选取前最大的 2 个样本,其中最大的样本用于设计暴雨雨型,第二大作为检验样本(因强降水自然滑动取样法选取检验样本时,有 3 a 的样本小于 50 mm,所以检验样本少 3 个)。

4.1　检验样本的标准化

根据强降水自然滑动取样法选取的沙坪坝 1961—2016 年的每年第 2 大样本作为检验样本。由于选取检验样本的峰值位置杂乱无章,不容易验证,为此我们对选取的检验样本进行标准化处理。首先确定检验样本的峰值位置(此位置是由设计暴雨雨型方法确定的,不同的方法峰值位置不同),然后把每个检验样本的峰值位置移动到已确定的峰值位置。为保证检验样本仍然是一个真实的自然降水过程,我们对检验样本左右移动后产生的空缺降水量用原样本的降水量进行补充(Liao et al.,2021)。具体过程见图 4-1。图 4-1a 所示是使用 NRMR 法的 2003 年 3 h 历时样本检验样本的确定过程,其中灰色部分为移动前的样本时间区间,斜线标注的是移动前样本的峰值位置,即样本的第 28 个单元。图 4-1b 中灰色部分为移动后的样本时间区间,也就是把 28 单元向前移动 15 单元与第 13 个单元(确定的检验样本峰值位置)对齐。前面移除 15 个单元,后面就在原样本中移进 15 个单元。这样就确保了样本也是一次自然降水过程。其他的历时和暴雨雨型方法也是按此方法来确定检验样本。

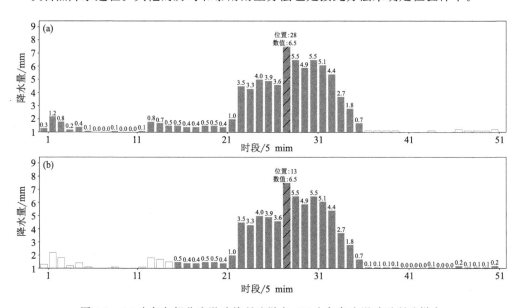

图 4-1　(a)中灰色部分为滑动前所选样本;(b)中灰色为滑动后所选样本

4.2　检验样本峰值位置的确定

检验样本峰值位置是根据暴雨雨型设计的结果确定的,方法不同,其峰值位置也有所不同。表 4-1 就是以上 4 种方法设计的不同历时的峰值位置。

表 4-1　不同设计暴雨雨型方法的峰值位置

历时	Pilgrim 和 Cordery 法的峰值位置	芝加哥雨型法的峰值位置	同频率分析法的峰值位置	NRMR 法的峰值位置
1 h	7	6	5	6
2 h	8	9	10	10
3 h	6	11	13	13
24 h	164	—	125	125

由表 4-1 可以看出,在 1、2 h 历时中,不同的暴雨雨型方法得到的峰值位置相差都比较小,3 h 和 24 h 的峰值位置相差较大;特别是在 3 h 的雨型中,Pilgrim 和 Cordery 法与其他方法相差 5～7 位。针对 Pilgrim 和 Cordery 法的 3 h 历时,检验样本峰值位置的确定就是把所有的检验样本峰值位置移动到第 6 的位置,芝加哥雨型法移动到第 11 的位置,同频率分析法和强降水自然滑动雨型法移动到第 13 的位置;其他的历时也是如此。

4.3　标准化处理后的检验样本代表性检验

由于检验样本的标准化处理,可能导致检验样本的降水量发生变化。所以我们必须对标准化后的检验样本进行检验分析。表 4-2 就是我们统计的每个检验样本标准化前后的降水量变化情况(表中的 1579.6 mm 是标准化前 47 个 1 h 降水样本的总和,依此类推)。从表 4-2 可知,标准化前的总降水量与标准化后的总降水量相差并不大,损失降水量变化幅度基本在 9% 以内(仅 Pilgrim 和 Cordery 法的 3 h 相差 12.7%)。因此,我们认为标准化处理后的检验样本基本能代表原样本。同时说明标准化处理具有一定合理性。

表 4-2　自然滑动处理前后的不同历时样本总降水量对比

方法	降水量	1 h	2 h	3 h	24 h
Pilgrim 和 Cordery 法	标准化前样本的总降水量/mm	1579.6	1946.5	2205.2	3343.0
	标准化后样本的总降水量/mm	1424.6	1778.1	1925.9	3063.6
	标准化后占标准化前的比例/%	90.2	91.4	87.3	91.6
芝加哥雨型法	标准化后样本的总降水量/mm	1445.9	1788.1	2024.4	—
	标准化后占标准化前的比例/%	91.5	91.9	91.8	—
同频率分析法	标准化后样本的总降水量/mm	1449.3	1787.9	2033.4	3101.3
	标准化后占标准化前的比例/%	91.8	91.9	92.2	92.8
NRMR 法	标准化后样本的总降水量/mm	1445.9	1787.9	2033.4	3101.3
	标准化后占标准化前的比例/%	91.5	91.9	92.2	92.8

4.4 设计雨型的结果验证与分析

暴雨设计雨型的设计结果其实就是降水量随时间变化的分布图,每个时段除以总降水量后也是一连续的百分比数据(之后称之为固定样本),也就是不同方法设计出来的雨型。经过标准化后的检验样本一样可以转化为一连续的多个百分比数据,这样就可以用所有检验样本与固定样本做相关性分析,若固定样本与检验样本的相关性越高,说明固定样本就越接近真实的降水过程,反之亦然。据此,我们把不同方法不同历时的检验样本都与之对应的固定样本做相关性分析,并做了相关性显著检验。具体结果见表 4-3。

表 4-3　不同设计暴雨雨型结果与检验样本的相关性

方法	相关性	1 h	2 h	3 h	24 h
Pilgrim 和 Cordery 法	相关系数的平均值	0.451	0.591	0.605	0.499
	通过显著检验的样本占比/%	38.3	91.5	89.4	100.0
芝加哥雨型法	相关系数的平均值	0.619	0.721	0.706	——
	通过显著检验的样本占比/%	68.1	95.7	97.9	——
同频率分析法	相关系数的平均值	0.660	0.707	0.699	0.671
	通过显著检验的样本占比/%	76.6	95.7	97.9	100.0
NRMR 法	相关系数的平均值	0.700	0.501	0.712	0.702
	通过显著检验的样本占比/%	83.0	72.3	97.9	100.0

根据表 4-3 可以看出,Pilgrim 和 Cordery 法在不同历时的相关系数均值都是最小的,说明 Pilgrim 和 Cordery 法设计的结果最不能代表实际降水过程,并且在 1～3 h 的通过相关性显著检验的样本百分比也最低,因此说明在重庆用 Pilgrim 和 Cordery 法设计暴雨雨型的效果最差;芝加哥雨型法设计的 2 h 雨型无论是样本相关系数均值还是通过相关性显著检验的样本百分比都是所有方法中最高的,说明芝加哥雨型法设计的 2 h 雨型最能代表 2 h 的实际降水过程,其他 2 个历时就相对较差;同频率分析法设计的雨型在 4 个历时中表现最为稳定,但都不是特别的突出;NRMR 法设计的雨型除 2 h 外,其他历时无论是在样本相关系数均值还是通过相关性显著检验的样本百分比都是所有方法中最高的,表明 NRMR 法在这 3 个历时中设计的雨型最能代表重庆的实际降水过程。

由于同频率分析法、芝加哥雨型法和强降水自然滑动雨型法设计的暴雨雨型都与雨型模糊识别的基本一致,而采用 Pilgrim 和 Cordery 法设计的结果与雨型模糊识别在有些历时存在差异。下面就用 Pilgrim 和 Cordery 法设计沙坪坝 1、2、3、6、9、12 和 24 h 等 7 个历时的暴雨雨型,取样采用最大值取样和强降水自然滑动取样。设计结果如图 4-2～图 4-15。

图 4-2～图 4-8 为最大值取样的设计雨型图:

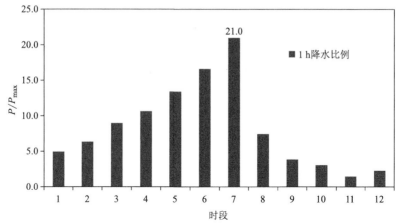

图 4-2 沙坪坝历时 1 h 设计暴雨雨型示意图(纵坐标单位:%;横坐标单位:5 min)

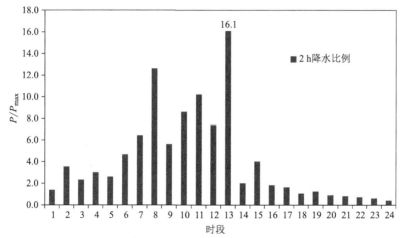

图 4-3 沙坪坝历时 2 h 设计暴雨雨型示意图(纵坐标单位:%;横坐标单位:5 min)

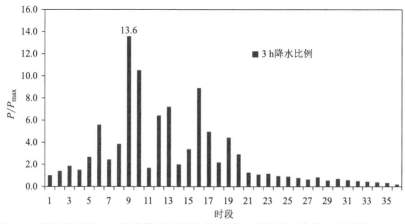

图 4-4 沙坪坝历时 3 h 设计暴雨雨型示意图(纵坐标单位:%;横坐标单位:5 min)

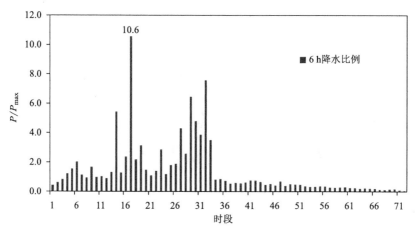

图 4-5　沙坪坝历时 6 h 设计暴雨雨型示意图(纵坐标单位:%;横坐标单位:5 min)

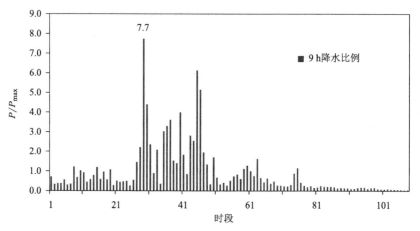

图 4-6　沙坪坝历时 9 h 设计暴雨雨型示意图(纵坐标单位:%;横坐标单位:5 min)

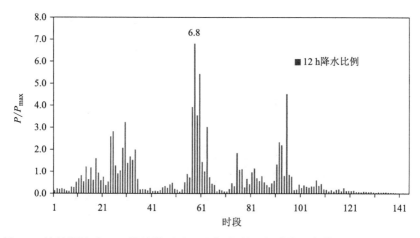

图 4-7　沙坪坝历时 12 h 设计暴雨雨型示意图(纵坐标单位:%;横坐标单位:5 min)

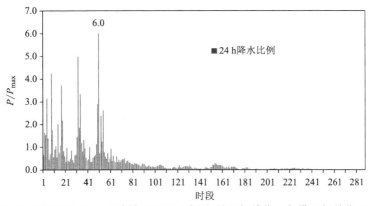

图 4-8　沙坪坝历时 24 h 设计暴雨雨型示意图(纵坐标单位:%;横坐标单位:5 min)

图 4-9~图 4-15 是暴雨自然滑动降水取样设计的雨型图:

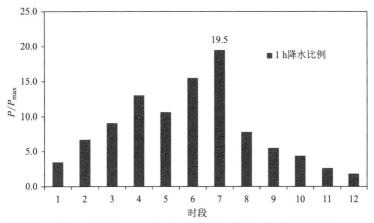

图 4-9　历时 1 h 设计暴雨雨型示意图(纵坐标单位:%;横坐标单位:5 min)

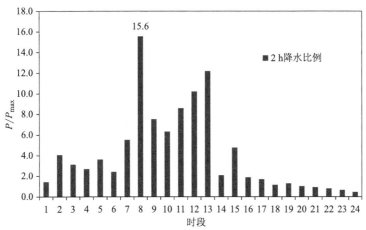

图 4-10　历时 2 h 设计暴雨雨型示意图(纵坐标单位:%;横坐标单位:5 min)

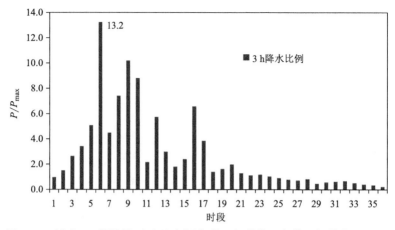

图 4-11　历时 3 h 设计暴雨雨型示意图(纵坐标单位:%;横坐标单位:5 min)

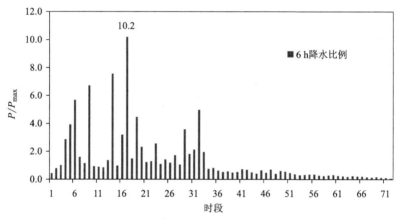

图 4-12　历时 6 h 设计暴雨雨型示意图(纵坐标单位:%;横坐标单位:5 min)

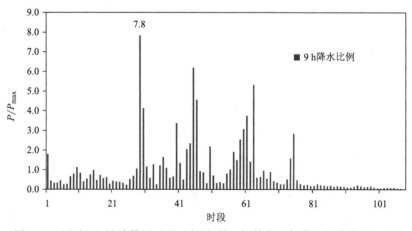

图 4-13　历时 9 h 设计暴雨雨型示意图(纵坐标单位:%;横坐标单位:5 min)

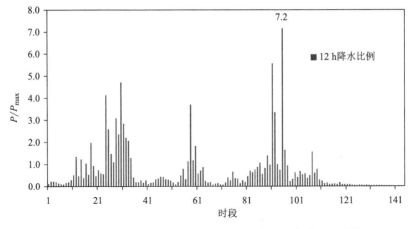

图 4-14　历时 12 h 设计暴雨雨型示意图(纵坐标单位:%;横坐标单位:5 min)

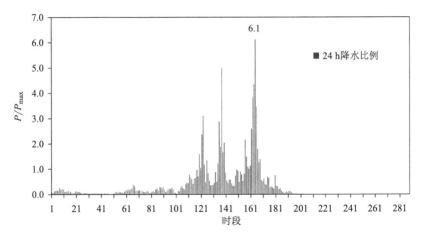

图 4-15　历时 24 h 设计暴雨雨型示意图(纵坐标单位:%;横坐标单位:5 min)

　　表 4-4 是采用对年最大法取样和自然滑动取样在最大 5 min 百分比和峰值时段的比较结果。

表 4-4　两种取样方法的比较

设计雨型	年最大法取样		暴雨自然滑动取样	
	最大 5 min 百分比	峰值时段	最大 5 min 百分比	峰值时段
1 h	21.0%	7	19.5%	7
2 h	16.1%	13	15.6%	8
3 h	13.6%	9	13.2%	6
6 h	10.6%	17	10.2%	17
9 h	7.7%	29	7.8%	29
12 h	6.8%	58	7.2%	95
24 h	6.0%	50	6.1%	164

根据以上计算结果比较得到:在最大 5 min 百分比上最大相差为 1.5%,其他的相差很小,仅仅是 0.1%~0.5%;在峰值时段相差较大,最大达 114 个时段。并且无论是最大值取样还是暴雨自然滑动取样,确定的雨型在 3 h 后都是多锋型雨型,这与模糊判别的单峰型占绝大数不一致,因而该 Pilgrim 和 Cordery 方法设计的较长历时的雨型在重庆不适合。

4.5　主要结论

利用重庆市沙坪坝国家基本气象站 1961—2016 年逐分钟降水资料,采用芝加哥雨型法、Pilgrim 和 Cordery 法、同频率分析法和 NRMR 法 4 种方法分别对短历时(1~3 h)和长历时(24 h)进行暴雨雨型设计;然后使用 1961—2016 年的第二大样本作为检验样本来验证不同方法的设计结果。得到如下结论:

① 通过芝加哥雨型法、Pilgrim 和 Cordery 法、同频率分析法和 NRMR 法设计暴雨雨型的结果分析,发现无论选取哪种方法确定的雨型,峰值强度(最大 5 min 降水量占该样本总量的百分比)都相差较小;峰值位置在 1 h、2 h 历时中相差不大,3 h 和 24 h 的峰值位置相差较远;

② 本章设计的一种检验样本标准化方法,能使检验样本的峰值位置与设计暴雨雨型方法确定的峰值位置相同;所有检验样本标准化前后的降水量变化幅度基本都在 9% 以内,差异小。表明检验样本标准化处理方法具有一定合理性,而且能保证检验样本仍然是一个真实的自然降水过程;

③ 通过对 4 种方法设计的结果分析和验证,得到 NRMR 法在 1 h、3 h 和 24 h 设计的雨型最能代表实际降水过程;芝加哥雨型法设计的 2 h 雨型最为突出;同频率分析法设计的结果总体较好,但都不突出;Pilgrim 和 Cordery 法相对较差。因此本章推荐在设计 1 h、3 h 和 24 h 的雨型时用 NRMR 法,2 h 雨型用芝加哥雨型法。当然,本章提出的设计暴雨雨型的检验方法和推荐建议需要在更多地区进行验证。同时也期望本检验方法得到更多的运用,更好地为城市排水管网设计提供依据,达到减少城市积涝灾害和洪水灾害的目的。

第 **5** 章

设计雨型检验
与适用性探讨

　　随着城市化进程加快,城市建设存在重地上轻地下的倾向,导致虽然城市在不断发展,但配套的地下雨水管网由于投入不足,建设进展缓慢。究其原因,首先是过去人们对雨水的排放重视不够,旧城区雨水管网少、管径小,新建的管网标准高,与旧管网无法很好地衔接,形成瓶颈,无法将雨水顺畅地排走;其次,多数小区无雨水收集系统:现在新建小区往往占地几万到几十万平方米,开发商在小区建设雨水收集系统的寥寥无几,降雨后雨水全部靠自流排放到周边的道路,加重了道路积水程度;再次,特殊地带导致积水:城市的低洼地带和立交桥下是形成积水主要地区,未建设雨水泵站或雨水泵站不配套也是造成积涝的一个原因;另外,雨水系统清掏维护不及时,雨水收集口和管道里废弃物淤积堵塞,缩小了有效过水面积,也会致使水流不畅导致积涝。

　　暴雨是引发城市积涝的直接原因。除暴雨降水量外,雨型也是影响积涝严重程度的关键因素:它反映了不同时段的雨强变化,直接关系到积涝产生的时间、淹没范围和淹没深度。已有研究发现,即使降水量相同,不同雨型降水产生的积涝淹没范围和水深也存在较大差异(成丹 等,2018)。城市雨水管网与暴雨的研究模型也表明积涝与雨型之间存在明显的相关关系(张小娜 等,2008;侯精明 等,2017;戴晶晶 等,2015)。因此,利用设计暴雨雨型对城市积涝进行研究分析,可为城市排水设计、防洪排涝等工作提供重要参考(岑国平 等,1999)。本章讨论完成设计雨型的取样问题、设计雨量、设计雨型和设计雨型的选取方法后,最后将讨论设计雨型的实用性问题。

5.1　检验样本的选取

本书以重庆市发布的设计暴雨雨型的适用范围1区为例(见图5-1)，检验时间：2017—2021年,检验台站:沙坪坝,渝北,巴南,北碚,璧山,荣昌,大足,铜梁,潼南,合川,永川,江津,綦江(万盛经开区隶属于綦江区)。取样方法:强降水自然滑动取样法。检验时长:1 h,2 h,3 h和24 h。检验样本:7800个(13个气象站×5年×8个重现期×4个历时(芝加哥雨型法是3个历时)×4种雨型,合计7800个样本),具体见表5-1。

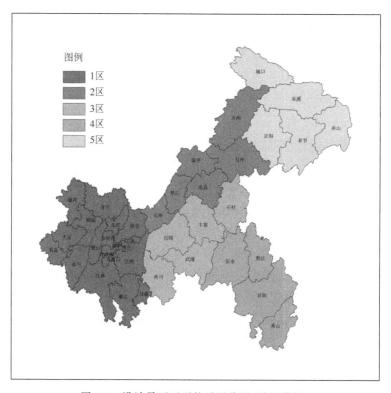

图 5-1　设计暴雨雨型的适用范围(另见彩插)

设计暴雨雨型适用范围1区:渝北、北碚、沙坪坝、巴南、南岸、江北、渝中、大渡口、九龙坡、璧山、荣昌、大足、铜梁、潼南、合川、永川、江津、綦江。

设计暴雨雨型适用范围2区:长寿、垫江、梁平、忠县、开州、万州。

设计暴雨雨型适用范围3区:涪陵、丰都、石柱、南川、武隆。

设计暴雨雨型适用范围4区:彭水、黔江、酉阳、秀山。

设计暴雨雨型适用范围5区:巫山、奉节、云阳、巫溪、城口。

表 5-1 不同设计方法的样本数量(个)

方法	1 h	2 h	3 h	24 h
Pilgrim 和 Cordery 法	65	65	65	65
芝加哥雨型法	65	65	65	0
同频率分析法	65	65	65	65
NRMR 法	65	65	65	65

5.2 积水设计量的确定

设计暴雨雨型主要目的是用于城市排水防涝。当实际降水过程降水量小于设计降水的过程降水量,且从设计雨型的起始位置到设计峰值的实际累计降水不超过设计雨型的起始位置到设计峰值的累计降水时,管网可将其全部排走;反之,当实际降水的过程降水量(峰值位置之前的累计降水量)大于设计雨型的峰值位置之前的累计降水量时,则发生城市积水。

积水设计量:就是从设计雨型的起始位置到设计峰值的累计值百分比即积水设计量百分比(见图 5-2)乘以设计雨量,不同的雨型有不同的积水设计量。本书选取第 5 章不同设计暴雨雨型的峰值位置,具体如表 5-2。表 5-3 是不同雨型的积水设计量百分比,单位:%;表 5-4 是不同历时的设计雨量(本书第 2 章的内容);表 5-5～表 5-8 是不同历时的积水设计量。

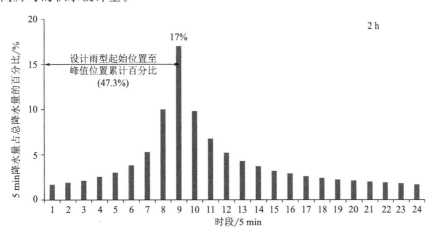

图 5-2 2 h 的积水设计量百分比

表 5-2 不同设计暴雨雨型方法的峰值位置

历时	Pilgrim 和 Cordery 法 峰值位置	芝加哥雨型支 峰值位置	同频率分析法 峰值位置	NRMR 法 峰值位置
1 h	7	6	5	6
2 h	8	9	10	10
3 h	6	11	13	13
24 h	164	–	125	125

表 5-3　不同雨型的积水设计量百分比(单位:%)

历时	Pilgrim 和 Cordery 法	芝加哥雨型法	同频率分析法	NRMR 法
1 h	77.9	61.8	54.2	56.4
2 h	38.4	47.3	54.4	48.6
3 h	26.9	37.1	52.2	44.9
24 h	83.8	--	47.7	40.0

表 5-4　设计雨量(单位:mm)

历时	2 a	3 a	5 a	10 a	20 a	30 a	50 a	100 a
1 h	43.8	51.3	60.3	71.7	83.1	88.8	96.1	106.3
2 h	57.8	69.2	83.4	101.4	118.7	127.4	138.8	154.6
3 h	67.0	81.5	99.8	123.0	145.0	156.2	170.8	191.2
24 h	99.1	116.3	135.0	157.9	179.0	190.7	205.1	224.1

表 5-5　24 h 的积水设计量(单位:mm)

方法	2 a	3 a	5 a	10 a	20 a	30 a	50 a	100 a
Pilgrim 和 Cordery 法	83.1	97.4	113.1	132.3				
同频率分析法	47.3	55.4	64.4	75.2	85.4	91.0	97.7	106.8
NRMR 法	39.8	46.7	54.1	63.2	71.8	76.2	82.4	89.5

表 5-6　3 h 的积水设计量(单位:mm)

方法	2 a	3 a	5 a	10 a	20 a	30 a	50 a
Pilgrim 和 Cordery 法	18.0	21.9	26.8	33.0			
同频率分析法	35.0	42.6	52.1	64.2			
芝加哥雨型法	24.9	30.2	37.0	45.6	53.8	58.0	63.4
NRMR 法	30.1	36.6	44.8	55.2	65.1	70.1	

表 5-7　2 h 的积水设计量(单位:mm)

方法	2 a	3 a	5 a	10 a	20 a	30 a
Pilgrim 和 Cordery 法	22.2	26.6	32.1	39.0	45.6	49.0
同频率分析法	31.5	37.7	45.4	55.2	64.6	
芝加哥雨型法	27.4	32.7	39.5	48.0	56.2	60.3
NRMR 法	28.1	33.6	40.5	49.3	57.7	

表 5-8　1 h 的积水设计量(单位:mm)

方法	2 a	3 a	5 a	10 a
Pilgrim 和 Cordery 法	34.1	40.0	47.0	55.8
同频率分析法	23.8	27.8	32.7	38.9
芝加哥雨型法	27.1	31.7	37.3	44.3
NRMR 法	24.7	29.0	34.0	40.5

5.3　积水检验及其实用性

降水过程中积水发生的累积时段称为积水时间,超出积水设计量称为积水量(见图 5-3),其中 R_2-R_1 是积水量(R_1 是设计雨型的峰值位置及其之前的累计降水量,也是积水的起始降水量,R_2 是积水结束后的累积降水量),T_2-T_1(T_1 是积水的起始时间,T_2 是积水的结束时间)是积水时间。净雨量:扣除蒸发、下渗、洼蓄和植物截留等作用之后,完全转化成地表径流的雨量。净雨过程线:降水事件中,净雨量随时间变化的过程线。而设计雨型就是降水量随时间变化的过程。

根据城镇内涝防治技术规范(GB 51222—2017)的规定,计算净雨量的公式如下:

$$R_0 = (i - f_m) \times t - D_0 - E \tag{5.1}$$

式中:R_0——净雨量(mm);

i——设计降水强度(mm/h);

f_m——土壤入渗率(mm/h);

t——降水历时(h);

D_0——截留和洼蓄量(mm);

E——蒸发量(mm),降水历时较短时可忽略。

根据《室外排水设计标准》(GB 50014—2021)雨水管渠的设计流量应根据雨水管渠设计重现期确定。雨水管渠设计重现期应符合表 5-9。

表 5-9　雨水管渠设计重现期(单位:a)

城镇类型	城区类型			
	中心城区	非中心城区	中心城区的重要地区	中心城区地下通道和下沉式广场等
超大城市和特大城市	3～5	2～3	5～10	30～50
大城市	2～5	2～3	5～10	20～30
中等城市和小城市	2～3	2～3	3～5	10～20

根据《室外排水设计标准》(GB 50014—2021)积涝设计重现期下的最大允许退水时间应符合表 5-10。

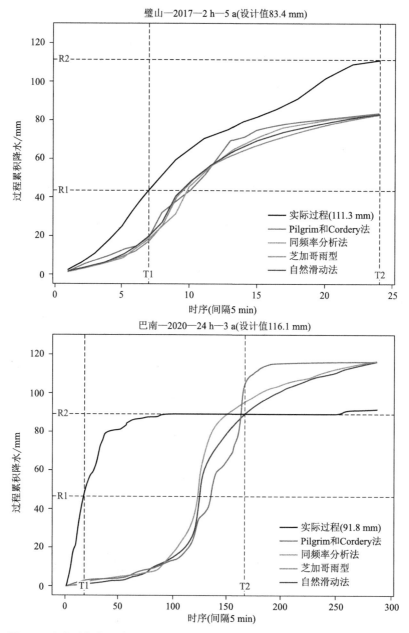

图 5-3　积水时间与积水量的示例图(上图是璧山 2017 年 2 h 历时 5 a 重现期，

下图是巴南 2020 年 24 h 历时 3 a 重现期)(另见彩插)

表 5-10　积涝设计重现期

城区类型	中心城区	非中心城区	中心城区的重要地区
最大允许退水时间/h	1.0～3.0	1.5～4.0	0.5～2.0

根据《城镇内涝防治技术规范》(GB 51222—2017)的规定,进行城镇积涝防治设施设计时,降水历时应根据设施的服务面积确定,可采用3~24 h。

根据以上内容,本书积水检验的具体方法是:由于目前城市小区建设雨水收集系统几乎没有,因而 D_0(截留和洼蓄量)取值为零;因降水历时较短且在下雨时温度低、湿度大,因而在计算时可忽略 E (蒸发量);f_m(土壤入渗率)根据印家旺等(印家旺等,2022)关于科尔沁沙地不同土地利用类型土壤入渗特征的研究结果:采用 Kastiakov 模型、Horton 模型、Philip 模型和 G-P 综合模型对其水分入渗过程进行拟合,得到土壤入渗率在 15 min 后基本都达到一个定值(稳定入渗率)0.5~2 mm/min。由于在城市特别是公路、桥梁、广场等容易积涝的地点,80%以上的面积都是混凝土,基本上没有土壤入渗率。结合以上研究结果和实际,本书采用综合土壤入渗率代替土壤入渗率,取值 $f_m = 1$ mm/5min。这样我们设计的雨型就成为了净雨过程线。再根据《室外排水设计标准》(GB 50014—2021)雨水管渠的设计流量设计重现期确定为 2~50 a,中心城区的重要地区积涝设计重现期下的最大允许退水时间为 0.5~2 h。以下就是根据以上方法得到的不同重现期(2~100 a)发生积涝的次数、概率、积水时间和积水量等结果(如图 5-3 上图就是璧山 2017 年 2 h 历时 5 a 重现期)。图 5-4 为不同重现期发生积涝的次数图,表 5-11 是不同重现期发生积涝的具体次数,表 5-12 是 4 种设计雨型发生积涝的概率。

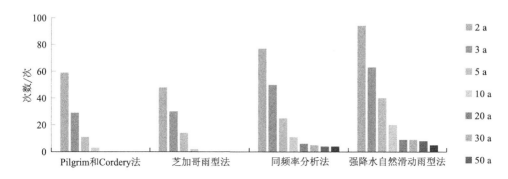

图 5-4　不同重现期发生积涝的次数图(另见彩插)

表 5-11　不同重现期发生积涝的具体次数

雨型	2 a	3 a	5 a	10 a	20 a	30 a	50 a	100 a
Pilgrim 和 Cordery 法	59	29	11	3				
芝加哥雨型法	48	30	14	2				
同频率分析法	77	50	25	11	6	5	4	4
NRMR 法	94	63	40	20	9	9	8	5

表 5-12　4 种设计雨型发生积涝的概率(单位:%)

雨型	2 a	3 a	5 a	10 a	20 a	30 a	50 a	100 a
Pilgrim 和 Cordery 法	21.1	10.4	3.9	1.1				
芝加哥雨型法	22.9	14.3	6.7	1.0				
同频率分析法	27.5	17.9	8.9	3.9	2.1	1.8	1.4	1.4
NRMR 法	33.6	22.5	14.3	7.1	3.2	3.2	2.9	1.8

根据上述积水检验方法得到表 5-12 是 4 种设计雨型积涝的概率,NRMR 法和同频率分析法在 2~100 a 重现期都有积涝发生,而 Pilgrim 和 Cordery 法和芝加哥雨型法在 10 a 重现期以上就没有发生积涝的概率,这与实际情况不符。因此,从积涝发生的概率角度上证实用 NRMR 法和同频率分析法设计的雨型更适合重庆。表 5-13~表 5-16 就是不同重现期下的重庆市发布的设计暴雨雨型的适用范围 1 区 2017—2021 年发生城市积涝的时间与地点(数据来源于灾害调查与新闻报道)。说明用此方法来检验城市积涝是合适的;同时也说明 Pilgrim 和 Cordery 法和芝加哥雨型法在 10 a 重现期以上没有发生积涝的概率是不合理的。

表 5-13　100 a 发生城市积涝的时间与站点

站点	时间	重现期	方法	时间
璧山	24 h	100 a	同频率分析法	2017-05-21
璧山	24 h	100 a	同频率分析法	2018-07-09
荣昌	24 h	100 a	同频率分析法	2020-07-15
潼南	24 h	100 a	同频率分析法	2021-08-07
璧山	24 h	100 a	NRMR 法	2017-05-21
璧山	24 h	100 a	NRMR 法	2018-07-09
荣昌	24 h	100 a	NRMR 法	2020-07-15
潼南	24 h	100 a	NRMR 法	2021-08-07
北碚	24 h	100 a	NRMR 法	2021-09-06

表 5-14　50 a 发生城市积涝的时间与站点

站点	时间	重现期	方法	时间
璧山	24 h	50 a	NRMR 法	2017-05-21
潼南	24 h	50 a	NRMR 法	2017-09-09
璧山	24 h	50 a	NRMR 法	2018-07-09
巴南	24 h	50 a	NRMR 法	2020-05-21
荣昌	24 h	50 a	NRMR 法	2020-07-15
潼南	24 h	50 a	NRMR 法	2021-08-07

续表

站点	时间	重现期	方法	时间
北碚	24 h	50 a	NRMR 法	2021-09-06
永川	24 h	50 a	NRMR 法	2021-09-16
璧山	24 h	50 a	同频率分析法	2017-05-21
璧山	24 h	50 a	同频率分析法	2018-07-09
荣昌	24 h	50 a	同频率分析法	2020-07-15
潼南	24 h	50 a	同频率分析法	2021-08-07

表 5-15　30 a 发生城市积涝的时间与站点

站点	时间	重现期	方法	时间
璧山	24 h	30 a	同频率分析法	2017-05-21
璧山	24 h	30 a	同频率分析法	2018-07-09
荣昌	24 h	30 a	同频率分析法	2020-07-15
潼南	24 h	30 a	同频率分析法	2021-08-07
北碚	24 h	30 a	同频率分析法	2021-09-06
璧山	24 h	30 a	NRMR 法	2017-05-21
潼南	24 h	30 a	NRMR 法	2017-09-09
璧山	24 h	30 a	NRMR 法	2018-07-09
荣昌	24 h	30 a	NRMR 法	2019-09-08
巴南	24 h	30 a	NRMR 法	2020-05-21
荣昌	24 h	30 a	NRMR 法	2020-07-15
潼南	24 h	30 a	NRMR 法	2021-08-07
北碚	24 h	30 a	NRMR 法	2021-09-06
永川	24 h	30 a	NRMR 法	2021-09-16

表 5-16　20 a 发生城市积涝的时间与站点

站点	时间	重现期	方法	时间
璧山	24 h	20 a	同频率分析法	2017-05-21
潼南	24 h	20 a	同频率分析法	2017-09-09
璧山	24 h	20 a	同频率分析法	2018-07-09
荣昌	24 h	20 a	同频率分析法	2020-07-15
潼南	24 h	20 a	同频率分析法	2021-08-07
北碚	24 h	20 a	同频率分析法	2021-09-06
璧山	24 h	20 a	NRMR 法	2017-05-21

续表

站点	时间	重现期	方法	时间
潼南	24 h	20 a	NRMR 法	2017-09-09
璧山	24 h	20 a	NRMR 法	2018-07-09
荣昌	24 h	20 a	NRMR 法	2019-09-08
巴南	24 h	20 a	NRMR 法	2020-05-21
荣昌	24 h	20 a	NRMR 法	2020-07-15
潼南	24 h	20 a	NRMR 法	2021-08-07
北碚	24 h	20 a	NRMR 法	2021-09-06
永川	24 h	20 a	NRMR 法	2021-09-16

表 5-17 至表 5-20 为不同历时发生积涝的概率,24 h 历时用 Pilgrim 和 Cordery 法设计雨型发生积涝概率太小,与实际不相吻合;1～2 h 历时用 4 种设计雨型的发生积涝的概率都基本一致;3 h 历时中用 Pilgrim 和 Cordery 法和同频率分析法设计的概率偏小,与实际情况相差较大。

表 5-17　24 h 发生积涝的概率(%)

雨型	2 a	3 a	5 a	10 a	20 a	30 a	50 a	100 a
Pilgrim 和 Cordery 法	18.6	10.0	5.9	2.9				
同频率分析法	48.5	35.7	22.9	14.3	8.6	7.1	5.7	5.7
NRMR 法	64.3	48.6	37.1	24.3	12.9	12.9	11.4	7.1

表 5-18　3 h 发生积涝的概率(%)

雨型	2 a	3 a	5 a	10 a
Pilgrim 和 Cordery 法	22.9	11.4	2.9	
芝加哥雨型法	25.7	18.6	12.9	1.4
同频率分析法	21.4	14.3	5.7	
NRMR 法	27.1	15.7	11.4	2.9

表 5-19　2 h 发生积涝的概率(%)

雨型	2 a	3 a	5 a	10 a
Pilgrim 和 Cordery 法	28.6	14.3	5.7	1.4
芝加哥雨型法	27.1	17.1	5.7	1.4
同频率分析法	24.2	14.2	5.7	1.4
NRMR 法	25.7	15.7	5.7	1.4

表 5-20　1 h 发生积涝的概率(%)

雨型	2 a	3 a	5 a
Pilgrim 和 Cordery 法	14.3	5.7	1.4
芝加哥雨型法	15.7	7.1	1.4
同频率分析法	15.7	7.1	1.4
NRMR 法	17.1	10.0	2.9

从表 5-21、表 5-22 和表 5-23 中可以看出,在设计雨量相同的情况下,不同的设计暴雨雨型积水时间、最大积水量和平均积水量都有所不同。其中同频率分析法和强降水自然滑动雨型法的积水时间、平均积水量和最大积水量从 2～100 a 重现期的都基本相同,是否与实际相符还有待证实。而 Pilgrim 和 Cordery 法和芝加哥雨型法在重现期 10 a 以上基本没有积水量,这是不符合实际的。同时也说明 Pilgrim 和 Cordery 法和芝加哥雨型法设计雨型在重庆市不合适。

由表 5-21、表 5-22 和表 5-23 中还可以得出,在设计雨量相同的情况下,不同的设计暴雨雨型平均积水时间和积水量都有所不同。

表 5-21　平均积水量(mm/5 min)

雨型	2 a	3 a	5 a	10 a	20 a	30 a	50 a	100 a
Pilgrim 和 Cordery 法	15.5	14.8	12.4	7.3				
芝加哥雨型法	15.1	12.7	10.6	5.6				
同频率分析法	17.1	15.5	15.0	16.2	20.1	20.2	20.2	14.1
NRMR 法	17.1	16.5	15.1	16.0	21.7	19.4	18.0	21.1

表 5-22　最大积水量(mm)

雨型	2 a	3 a	5 a	10 a	20 a	30 a	50 a	100 a
Pilgrim 和 Cordery 法	67.2	50.2	31.4	13.2				
芝加哥法雨型法	54.6	42.4	28.9	20.3				
同频率分析法	90.7	82.6	73.6	62.8	52.6	47.1	40.3	31.2
NRMR 法	98.2	91.3	83.9	74.8	66.2	61.9	55.7	48.5

表 5-23　积水时间(h)

雨型	2 a	3 a	5 a	10 a	20 a	30 a	50 a	100 a
Pilgrim 和 Cordery 法	3.3	4.0	4.5	2.7				
芝加哥雨型法	1.4	1.3	1.2	1.5				
同频率分析法	5.3	5.2	5.3	5.3	4.3	4.3	4.3	3.6
NRMR 法	5.7	5.4	5.5	5.8	5.8	5.2	4.3	4.3

在积水检验方法判断的有积水 531 个样本中,实际降水量大于或等于设计雨量的 318 个样本,占比 59.9%;213 个样本是设计雨量大于实际降水量,占比 40.1%。这说明积水与实际降水量的关系不大,侧面证实雨型也是影响城市积涝的关键因素。

通过模糊识别(莫洛可夫 M B 等,1956)对已发生积涝的 45 个降水过程的判断分析,其中第Ⅰ、Ⅱ、Ⅲ种为单峰雨型,峰值分别在前、后和中部,第 4 种为大致分布均匀雨型,第Ⅴ、Ⅵ、Ⅶ种为双峰雨型进行统计,具体结果见表 5-24 和表 5-25。

表 5-24　积水检验后的不同历时积涝发生日期及其雨型类别

日期	是否发生积涝	2 h雨型类别	3 h雨型类别	24 h雨型类别	发生区县个数/个
2017-05-21	是	单峰	单峰	单峰	1
2017-06-09	是	单峰(2)	单峰(2)	单峰(2)	2
2017-06-10	是	单峰	单峰	双峰(1)和单峰(4)	5
2017-08-25	否				
2017-09-09	是	双峰	双峰	单峰	2
2018-04-13	是	双峰和单峰	双峰和单峰	单峰(2)	2
2018-07-07	是	双峰	双峰	单峰	1
2018-07-09	是	单峰	单峰	单峰	1
2018-08-01	是	单峰	单峰	单峰	1
2018-08-22	否				
2018-09-24	否				
2019-04-19	是	单峰(3)	单峰(3)	双峰(1)和单峰(2)	3
2019-04-20	否				
2019-05-24	是	单峰	单峰	单峰	1
2019-05-27	是	双峰	双峰	单峰	1
2019-05-28	是	双峰	双峰	单峰	1
2019-06-09	否				
2019-06-28	是	单峰	单峰	单峰	1
2019-07-19	是	单峰	单峰	双峰	1
2019-09-08	是	双峰和单峰	双峰和单峰	单峰(2)	2
2019-10-04	否				
2020-05-21	是	均匀	均匀	单峰	1
2020-06-02	是	单峰	单峰	单峰	1
2020-06-27	是	均匀	均匀	单峰	1
2020-06-28	是	单峰	双峰	双峰	1
2020-06-30	是	单峰	单峰	双峰	1

续表

日期	是否发生积涝	2 h 雨型类别	3 h 雨型类别	24 h 雨型类别	发生区县个数/个
2020-07-01	是	双峰和单峰	双峰和单峰	单峰(2)	2
2020-07-10	是	单峰	单峰	单峰	1
2020-07-15	是	均匀	均匀	单峰	1
2020-07-16	是	单峰	单峰	单峰	1
2020-07-25	是	单峰	单峰	单峰	1
2020-07-26	是	单峰	单峰	单峰	1
2021-05-13	是	单峰	单峰	单峰	1
2021-07-16	是	单峰	单峰	单峰	1
2021-08-07	是	均匀	均匀	单峰	1
2021-08-18	是	单峰	单峰	单峰	1
2021-08-25	否				
2021-09-06	是	单峰	单峰	单峰	1
2021-09-12	否				
2021-09-16	是	单峰(2)	单峰(2)	单峰(2)	2
2021-09-17	是	单峰	单峰	双峰	1

注:2017-06-10 的 24 h 雨型实型双峰(1)和单峰(4)代表发生双峰有 1 次,单峰后 4 次,其他日期后括号内容同样。

表 5-25　不同历时不同峰型的次数(单位:次)

峰型	2 h	3 h	24 h
单峰	34	33	40
双峰	6	7	5
均匀	5	3	0

根据积水检验方法对 65 个检验样本进行积水检验,得到有 53 个样本发生了积水,其中 45 个样本实际也发生了积涝灾害,验证准确率达 84.9%。这说明此方法可以作为判断暴雨是否积水的判断方法;对已发生积涝的 45 个样本中单峰型的个数远远大于双峰型和均匀型,但是结合模糊判断类型的概率(表 3-2 归类后的雨型比例)进行分析,得到表 5-26,由此可以看出积涝发生与雨型的类别没有关系,不能说明单峰雨型出现积涝的概率大。

表 5-26　实际发生积涝的雨型类别与判断类别的对比

历时/min	单峰型发生概率	雨型判别次数/次	实际雨型次数/次	均匀发生概率	雨型判别次数/次	实际次数/次	双峰发生概率	雨型判别次数/次	实际次数/次
120	0.84	37	34	0.08	4	5	0.08	4	6
180	0.76	34	33	0.16	7	5	0.08	4	7
1440	0.88	40	40	0.00	0	0	0.12	5	5

根据以上分析,若要减少城市积涝的概率,可根据表 5-12 的 4 种设计雨型发生积涝的概率结合《室外排水设计标准》(GB 50014—2021)雨水管渠设计重现期(表 5-9),提高设计重现期即可减少积涝发生,具体数值如表 5-27。提高雨水管渠的设计重新期后,不同雨型不同重现期积涝发生的概率如 5-28,明显降低了积涝发生的可能。

表 5-27　雨水管渠的设计重现期提升后较少的概率值(单位:%)

雨型	2 a 提高至 3 a	3 a 提高至 5 a	5 a 提高至 10 a	10 a 提高至 20 a	20 a 提高至 30 a	30 a 提高至 50 a	50 a 提高至 100 a
Pilgrim 和 Cordery 法	10.7	6.5	2.8				
芝加哥雨型法	8.6	7.6	5.7				
同频率分析法	9.6	9.0	5.0	1.8	0.3	0.4	0
NRMR 法	11.1	8.2	7.2	3.9	0.0	0.3	1.1

表 5-28　提高雨水管渠的设计重现期发生积涝的概率(单位:%)

雨型	3 a	5 a	10 a	20 a	30 a	50 a	100 a
Pilgrim 和 Cordery 法	10.4	3.9	1.1				
芝加哥雨型法	14.3	6.7	1.0				
同频率分析法	17.9	8.9	3.9	2.1	1.8	1.4	1.4
NRMR 法	22.5	14.3	7.1	3.2	3.2	2.9	1.8

　　提高雨水管渠的设计重现期能有效减少城市积涝的发生概率,但又会大大提高投资成本。根据表 5-27 可知,从 2 a 提高至 3 a,一直到 10 a 重现期,能最有效减少城市积涝的发生概率。因此建议市政设计部门应重视在低重现期(10 a 内)提高雨水管渠的设计重现期。

　　为解决哪种雨型容易积水的问题,根据积水检验方法,分别统计不同重现期导致积水的样本和未导致积水样本的积水前降水总量占整个样本的百分比(这个积水前降水总量还是按照积水百分比来统计的,这有助于对比分析),具体见表 5-29。由此可见,导致积水的样本,在任何重现期,发生积水之前的累计值远大于不发生积涝样本的累计值。说明降水过程中,前期降水量大的容易导致积水。同样统计发生积水前平均雨强、发生积水前最大雨强均值、发生积水前最大雨强和所有样本最大雨强与未发生积涝样本的平均雨强、最大雨强均值、最大雨强和所有样本最大雨强,具体见表 5-30(重现期超过 20 a 由于样本较少低于 20 个)、表 5-31、表 5-32、表 5-33;由表 5-30 和表 5-31 可知,在发生积水前平均雨强和最大雨强均值均大大超过未发生积水的平均雨强和最大雨强均值,而最大雨强和所有样本最大雨强在发生积涝和未发生积涝都相差不大。这说明降水过程中,发生积水与样本平均雨强和最大雨强均值有关,与积水前最大雨强和所有样本的最大雨强无关。

表 5-29　发生积水前降水占整个样本的百分比(%)

积涝发生是否	2 a	3 a	5 a	10 a	20 a	30 a	50 a	100 a
否	41.3	42.3	44.3	45.7	46.5	46.8	47.3	47.3
是	56.5	62.1	64.1	74.1	83.7	85.8	89.6	94.2

表 5-30　发生积水前平均雨强(mm/5 min)

积涝发生是否	2 a	3 a	5 a	10 a	20 a
否	1.5	1.7	1.8	2.0	2.1
是	2.9	3.2	3.3	3.1	2.9

表 5-31　发生积水前最大雨强均值(mm/5 min)

积涝发生是否	2 a	3 a	5 a	10 a	20 a	30 a	50 a	100 a
否	3.5	3.9	4.2	4.5	4.6	4.6	4.7	4.7
是	6.3	6.9	7.1	7.6	7.9	7.8	7.4	7.0

表 5-32　发生积水前最大雨强(mm/5 min)

积涝发生是否	2 a	3 a	5 a	10 a	20 a	30 a	50 a	100 a
否	10.0	10.0	10.4	10.4	10.4	11.0	11.0	11.0
是	11.0	11.0	11.0	11.0	11.0	11.0	10.3	10.3

表 5-33　所有样本最大雨强(mm/5 min)

积涝发生是否	2 a	3 a	5 a	10 a	20 a	30 a	50 a	100 a
否	10.4	11.0	11.0	11.0	11.0	11.0	11.0	11.0
是	11.0	11.0	11.0	11.0	11.0	11.0	10.3	10.3

5.4　主要结论

根据本书设计的城市积涝检验方法对 2017—2021 年重庆市发布的设计暴雨雨型的适用范围 1 区 65 个样本进行检验统计,得到以下结论:

① 积水检验方法对积涝发生的概率得到:NRMR 法和同频率分析法在 2~100 a 重现期有积涝发生,而 Pilgrim 和 Cordery 法和芝加哥雨型法在 10 a 重现期以上就没有发生积涝的概率,这与实际情况不符。因此从积涝发生的概率角度上证实利用 NRMR 法和同频率分析法设计的雨型更适合重庆;

② 在积水检验方法判断有积水的 531 个样本中,实际降水量大于或等于设计雨量的有 318 个样本,占比 59.9% ;有 213 个样本是设计雨量大于实际降水量,占比

40.1%。这说明积水与实际降水量的大小不大,侧面证实雨型也是影响城市积涝的关键因素;

③ 在设计雨量相同的情况下,不同的设计暴雨雨型积水时间、最大积水量和平均积水量都有所不同。其中同频率分析法和 NRMR 法的积水时间、平均积水量和最大积水量从 2~100 a 重现期的都基本相同,是否与实际相符还有待证实。而 Pilgrim 和 Cordery 法和芝加哥雨型法在重现期 10 a 以上基本没有积水量,这是不符合实际的。同时也说明 Pilgrim 和 Cordery 法和芝加哥雨型法设计雨型在重庆不太合适。

④ 积水检验方法对 65 个检验样本进行积水检验,得到有 53 个样本发生了积水,其中 45 个样本实际也发生积涝灾害,验证准确率达 84.9%。这说明此方法可以作为判断暴雨是否积水的判断方法。另外,对 10 a 以下重现期,提高雨水管渠的设计重现期能最有效改善积涝灾害,因此建议在低重现期(10 a)内提高雨水管渠的设计重现期。

⑤ 在可能发生积涝的降水过程中,降水前期降水量多且降水雨强大的降水过程,容易导致积涝灾害;而积水与否与最大雨强和所有样本的最大雨强无关。

第6章

年径流总量控制率优化

年径流总量控制率是海绵城市建设中重要控制指标之一,是径流总量控制、径流污染控制和径流峰值控制等指标的实施载体;是海绵城市建设必要的基础数据;与设计雨量为一一对应关系,其大小直接影响城市投资规模与经济、生态环境效益(李明怡,2017;史有瑜 等,2019)。《海绵城市建设技术指南(试行)》(下称《指南》)明确了我国大陆年径流总量控制率及其对应的设计雨量,为我国不同区域海绵城市建设提供了技术保障(郭琳 等,2017)。

本书在《指南》基础上,采用重庆主城区沙坪坝、巴南、渝北和北碚 4 个气象站1981—2018 年日降水数据,考虑主城区降水时间和空间分布特征,以及复杂地形等因素,对《指南》中的年径流总量控制率进行优化,以便为重庆海绵城市建设决策提供可靠依据。

6.1 资料与方法

本书所用资料为重庆市气象信息与技术保障中心提供的重庆主城区北碚、渝北、巴南和沙坪坝站 1981—2018 年逐日降水数据,以及 2013—2018 年重庆市主城区 225个区域自动气象站日降水资料,所有资料均经过质量控制。

《室外排水设计规范》(GB 50014—2021)规定年径流总量控制率对应的设计雨量值应按下列步骤计算:

① 选取至少 30 a 的日降水资料,剔除小于或等于 2 mm 的降水事件数据和全部

降雪数据；

② 将剩余的日降水量由小到大进行排序；

③ 根据下式依次计算日降水量对应的年径流总量控制率：

$$P_i = \frac{(X_1 + X_2 + \cdots + X_i) + X_i \times (N - i)}{X_1 + X_2 + \cdots + X_N} \tag{6.1}$$

式中：P_i 为第 i 个日降水量数值对应的年径流总量控制率；X_1, X_2, X_i, X_N 分别为第 1 个、第 2 个、第 i 个、第 N 个日降水量数值；N 为日降水量序列的累计数。

④ 某年径流总量控制率对应的日降水量即为设计降水量。

6.2 年径流总量控制率推算

《指南》把我国大陆的年径流总量控制率分为 5 个区域，其中重庆市东北部属 Ⅳ 区，东南部、西部和主城区属 Ⅲ 区。按《指南》中各城市年径流总量控制率的最高和最低限值要求，重庆主城区年径流总量控制率取值范围为 75%～85%，《指南》推荐的设计雨量范围为 20.9～31.9 mm（表 6-1）。表 6-2 给出了重庆主城区北碚、渝北、巴南和沙坪坝站采用 1981—2018 年数据计算的年径流总量控制率对应的设计雨量。从表 6-2 可以看出，年径流总量控制率为 75%～85% 时，北碚站对应的设计雨量为 23.7～36.5 mm，渝北站为 22.2～33.7 mm、沙坪坝站为 21.6～32.9 mm，巴南站为 19.5～29.3 mm。与《指南》相比，沙坪坝、北碚和渝北站推算的年径流总量控制率偏大，而巴南站偏小。

表 6-1 《指南》中重庆市年径流总量控制率对应的设计雨量（单位：mm）

城市	不同年径流总量控制率				
	60%	70%	75%	80%	85%
重庆	12.2	17.4	20.9	25.5	31.9

由表 6-2 还发现，近 38 a 来沙坪坝、渝北、巴南和北碚站大于设计雨量的年平均降水场次和超过设计雨量占总降水量的百分比不同。如，年径流总量控制率为 80% 时，北碚、渝北、巴南和沙坪坝站超过设计雨量的年平均降水日数分别为 8.6 d、10.1 d、10.7 d 和 9.8d，有 42.2%、44.2%、43.9% 和 43.5% 超过设计雨量的降水溢流排放；在年径流总量控制率达到 85%，被溢流排放的降水量比例分别为 36.0%、35.0%、36.4% 和 35.2%；在年径流总量控制率达到 90%，被溢流排放的降水量比例分别为 27.6%、24.4%、26.8% 和 26.2%。根据《国务院办公厅关于推进海绵城市建设的指导意见》（国办发〔2015〕75 号）文件要求，要达到把 70% 降水截留下来而不流走，重庆主城区年径流总量控制率应在 85%～90% 为宜。

表 6-2　1981—2018 年重庆主城区年径流总量控制率对应的设计雨量

年径流总量控制率/%	北碚站			渝北站			巴南站			沙坪坝站		
	设计雨量/mm	超过设计雨量的年平均日数/d	超过设计雨量占总降水量的百分比/%	设计雨量/mm	超过设计雨量的年平均日数/d	超过设计雨量占总降水量的百分比/%	设计雨量/mm	超过设计雨量的年平均日数/d	超过设计雨量占总降水量的百分比/%	设计雨量/mm	超过设计雨量的年平均日数/d	超过设计雨量占总降水量的百分比/%
15	2.1	80.9	99.7	2.1	83.2	99.7	2.1	83.9	99.7	2.1	82.5	99.8
20	2.8	71.9	97.7	2.7	75.4	98.0	2.5	78.4	98.5	2.7	74.4	97.9
25	3.6	64.1	95.4	3.5	67.2	95.7	3.2	69.4	95.9	3.5	66.0	95.5
30	4.5	56.7	92.7	4.3	59.9	93.1	4	62.4	93.5	4.3	58.8	92.8
35	5.6	49.7	89.4	5.3	52.8	89.9	4.9	54.6	90.1	5.3	51.6	89.6
40	6.7	44.1	86.3	6.4	46.0	86.3	5.9	47.9	86.6	6.4	45.5	86.3
45	8.1	37.7	82.0	7.7	40.6	82.9	7	42.3	83.2	7.6	40.2	82.8
50	9.6	32.9	78.2	9.1	35.0	78.6	8.4	35.9	78.4	9.0	34.8	78.7
55	11.5	27.5	73.0	10.8	29.6	73.7	9.9	31.0	74.1	10.7	29.0	73.3
60	13.7	22.6	67.5	12.8	24.5	68.2	11.7	26.2	69.1	12.7	24.6	68.6
65	16.3	19.1	62.8	15.3	20.0	62.5	13.8	22.2	64.1	15.1	20.3	62.9
70	19.6	15.2	56.6	18.4	16.2	56.6	16.4	18.6	58.9	18	16.8	57.6
75	23.7	11.8	49.9	22.2	13.0	50.8	19.5	14.9	52.7	21.6	13.1	50.7
80	29.2	8.6	42.2	27	10.1	44.2	23.6	10.7	43.9	26.3	9.8	43.5
85	36.5	6.5	36.0	33.7	6.7	35.0	29.3	7.7	36.4	32.9	6.8	35.2
90	47.4	4.2	27.6	44.5	3.7	24.4	37.9	4.7	26.8	42.8	4.2	26.2
95	67.9	1.7	15.0	66.8	1.6	14.0	54.7	1.9	14.5	63.8	1.5	13.2

图 6-1 给出了北碚、渝北、巴南和沙坪坝站年径流总量控制率与设计雨量的关系曲线。由图 6-1 可见,随着设计雨量的增加,年径流总量控制率均呈对数增加,在各站设计雨量相同的条件下,对应的年径流总量控制率存在差异。年径流总量控制率在 80% 以下时,设计雨量增加趋势明显,对控制率的影响较大;控制率达 90% 之后,设计雨量增加趋势减缓,对控制率的影响较小。潘国庆等(2008)研究指出,在控制率变化趋缓时,设施规模的扩大将带来规模综合效益的下降。如,北碚、渝北、巴南和沙坪坝站的设计雨量为 30 mm 时,对应的年径流总量控制率分别为 81.1%、83.0%、86.0% 和 83.4%,当设计雨量增加一倍至 60 mm,而年径流总量控制率仅分别增加 12.9%、11.4%、10.4% 和 11.4%;表明设施规模增加 1 倍而年径流总量控制率仅增加 12% 左右。另外,重庆主城区暴雨或大雨的雨峰靠前,降水历时较短且集中,较大初期雨水径流在较短时间内容易汇流形成,大面积出现地表冲刷的可能性较大(靳俊

伟 等,2015)。如果控制初期雨水径流,则城市洪涝、控制雨水径流污染效果更佳。

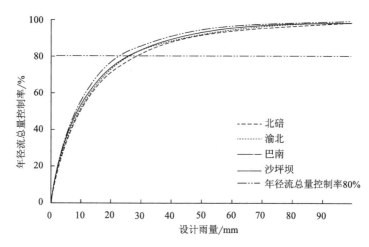

图 6-1　重庆主城区年径流总量控制率与设计雨量的关系曲线

6.3　年径流总量控制率优化

《指南》推荐采用长序列的全年日降水量资料计算年径流总量控制率对应的设计雨量,但对于降水年内变化较大的地区,尤其是降水集中于夏季的地区,计算结果可能会降低年径流总量控制率指标(顾正强 等,2018),影响海绵城市建设综合效益。重庆地处最为复杂的东亚季风区,地形复杂,降水空间分布差异较大(王颖 等,2019),年径流总量控制率指标应结合实际进行应用。下面将综合考虑重庆市主城区降水年内变化、空间分布特点,从时间上和空间上对年径流总量控制率进行优化。

6.3.1　时间上的优化

图 6-2 给出了沙坪坝、渝北、北碚和巴南站 1981—2018 年各月平均降水量变化图。由图可见,各站 6 月降水量最大,其次是 5 月、7 月、8 月、9 月、10 月和 4 月;12 月最小。从年内降水分布来看,主要集中在 4—10 月,占全年的 85.5%,其中夏季(6—8 月)降水最多,平均达 481.2 mm,占全年的 42.9%;11 月—次年 3 月降水较少,仅占全年的 14.5%。为此,结合重庆主城区年内降水变化特点,采用 4—10 月日降水资料计算设计雨量,使年径流总量控制率指标更符合重庆主城区气候特征。

经过对沙坪坝、渝北、北碚和巴南站 1981—2018 年 4—10 月降水数据的整理,对资料中小于 2 mm 的降水日进行了排除,计算出各站年径流总量控制率对应的设计雨量(表 6-3)。在年径流总量控制率取值范围为 75%～85% 时,北碚站对应的设计雨量范围为 26.5～39.7 mm、巴南站为 21.9～32.2 mm、渝北站为 24.8～36.9 mm、沙坪坝站为 24.0～35.7 mm。与优化前相比,优化后的设计雨量均偏大(图 6-3)。

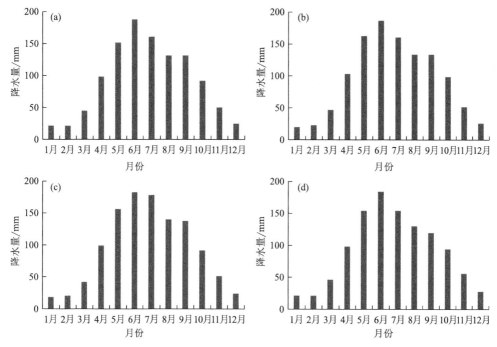

图 6-2　沙坪坝站(a)、渝北站(b)、北碚站(c)、巴南站(d)1981—2018 年各月平均降水量

如年径流总量控制率在 85% 时,北碚、渝北、巴南、沙坪坝站优化后设计雨量分别偏大 3.2 mm、3.2 mm、2.9 mm、2.8 mm。这是由于重庆地区降水量和强降水(日降水量≥50 mm)日数主要集中于夏半年(4—10 月),冬半年(11 月—次年 3 月)以小雨和中雨(日降水量<25 mm)为主,使用 4—10 月资料提高了强降水量占年总降水量的比例,以致年径流总量控制率及其对应的设计雨量增大。

表 6-3　优化后的年径流总量控制率对应的设计雨量(使用 4—10 月降水资料)(单位:mm)

年径流总量 控制率/%	北碚	渝北	巴南	沙坪坝
15	2.4	2.4	2.2	2.4
20	3.3	3.2	3	3.2
25	4.3	4.1	3.8	4.1
30	5.4	5.1	4.8	5.1
35	6.6	6.3	5.9	6.2
40	8	7.7	7	7.5
45	9.5	9.1	8.3	8.9
50	11.3	10.7	9.8	10.5
55	13.4	12.6	11.5	12.4

年径流总量 控制率/%	北碚	渝北	巴南	沙坪坝
60	15.8	14.9	13.5	14.6
65	18.7	17.6	15.9	17.1
70	22.2	20.9	19.2	20.2
75	26.5	24.8	21.9	24.0
80	32.3	29.8	26.3	28.9
85	39.7	36.9	32.2	35.7
90	50.6	48.3	40.9	45.9
95	71.8	71.5	58.6	68.5

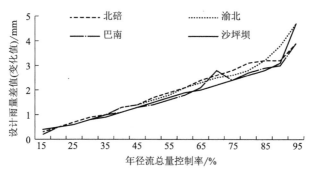

图 6-3 采用 4—10 月重庆主城区降水资料计算年径流总量控制率对应的
设计雨量与 1—12 月资料计算结果的差值变化

6.3.2 空间上的优化

近年来在全球变暖的气候背景下,我国各地降水响应有所差异且区域性明显,给区域城市雨水资源利用及城市防洪治涝带来了更大的潜在压力。重庆主城区只采用一个年径流总量控制率标准,既不利于主城区水资源合理利用和应对气候变化的潜在风险,也不能顾及到降水空间差异对城市排涝风险的可能影响(尹洪军 等,2016)。因此,有必要根据主城区降水气候特征针对性地优化北碚、巴南、渝北和沙坪坝站年径流总量控制率空间使用范围。

重庆主城区面积约为 5473 km²,包括巴南区、渝北区、九龙坡区、江北区、北碚区、大渡口区、南岸区、沙坪坝区和渝中区,共建有 4 个国家气象站(巴南站、沙坪坝站、渝北站、北碚站)和 225 个区域自动气象站。考虑到资料的完整性,本书采用 4 个国家气象站和 159 个区域自动气象站 2013—2018 年日降水资料,分析重庆主城区降水的空间分布特征,划分渝北、北碚、巴南和沙坪坝站年径流总量控制率指标的使用范围。

由于区域自动气象站降水观测资料时间较短(只有 6 a),需分析其时间代表性。表 6-4 给出了沙坪坝、渝北、北碚和巴南站近 6 a 和近 38 a 平均降水量,可以看出,4 个站 1981—2018 年平均降水强度小于近 6 a,符合近年来重庆主城区夏季和年降水量增加的事实。图 6-4 给出了重庆主城区降水量空间分布。可以看出,重庆主城区地形复杂,降水具有明显的局地特征。6 月(图 6-4a)、4—10 月(图 6-4b)和年(图 6-4c)平均降水量空间分布基本一致,220 mm、960 mm、1150 mm 等值线基本沿嘉陵江和长江,形成 3 个不同降水量级区域,分别以长江以南的区域最小,嘉陵江和长江以北的区域次之,嘉陵江和长江之间的区域最大。这与利用重庆主城区各区域气象站逐日降水资料,根据不同短历时强降水阈值,统计出的降水空间分布特征相同。

表 6-4 沙坪坝、渝北、北碚、巴南站不同时期平均降水量(单位:mm)

站点	时期	6 月	4—10 月	全年
沙坪坝	2013—2018	256.1	1104.1	1304.2
	1981—2018	199.7	961.1	1125.1
北碚	2013—2018	259.1	1109.6	1266.9
	1981—2018	203.1	1002.3	1156.2
巴南	2013—2018	273.3	1078.9	1286.8
	1981—2018	184.1	917.5	1090.4
渝北	2013—2018	225.9	1037.4	1212.6
	1981—2018	200.8	981.0	1150.6

图 6-5 给出了沙坪坝、北碚、渝北和巴南站年径流总量控制率对应的设计雨量对比。可以看出,年径流总量控制率对应的设计雨量以巴南站最小,巴南、北碚和渝北站年径流总量控制率对应的设计雨量相对于沙坪坝站的差值百分率分别为:—7.3%、7.9% 和 2.3%,其中沙坪坝站与渝北、北碚站的年径流总量控制率对应的设计雨量值较为接近。

根据沙坪坝、北碚、渝北和巴南站年径流总量控制率对应的设计雨量比较结果和主城区降水量空间分布特征,同时考虑城市设计规划和建设管理及使用上的方便,划定各站年径流总量控制率指标使用范围(图 6-6):①嘉陵江和长江之间的区域使用沙坪坝站资料计算的年径流总量控制率指标,范围有九龙坡区、沙坪坝区、大渡口区、渝中区和嘉陵江以南的北碚区域;②长江以南区域使用巴南站资料计算的年径流总量控制率指标,范围有南岸区和巴南区;③嘉陵江和长江以北的地区使用渝北站资料计算的年径流总量控制率指标,范围有江北区、渝北区和嘉陵江以北的北碚区域;④北碚站资料计算的年径流总量控制率指标不推荐使用,如果北碚区要完善本区年径流总量控制率实施标准,可以使用该站计算结果。

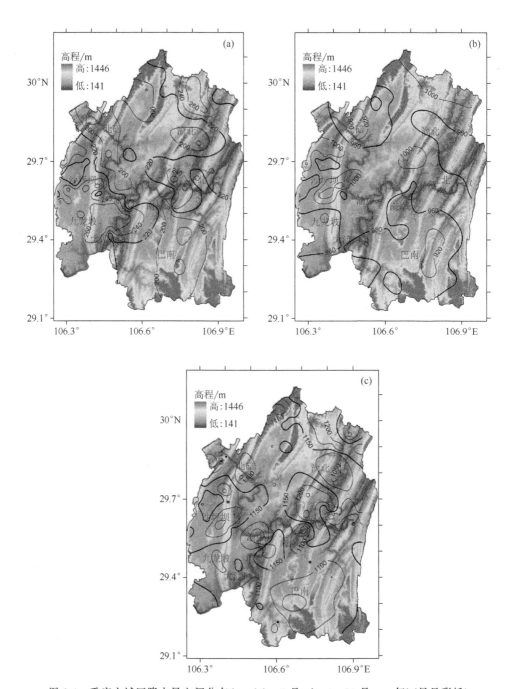

图 6-4　重庆主城区降水量空间分布（mm）（a. 6月；b. 4—10月；c. 年）（另见彩插）

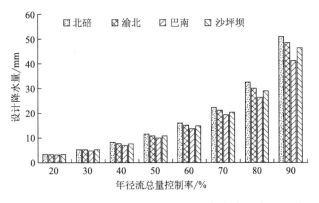

图 6-5　沙坪坝、北碚、渝北和巴南站年径流总量控制率对应的设计雨量对比

图 6-6　重庆主城区年径流总量控制率对应的设计雨量使用范围分布(另见彩插)

6.4　主要结论

①　基于 1981—2018 年重庆沙坪坝、巴南、北碚和渝北站逐日降水量数据,采用《指南》推荐方法,建立了各站年径流总量控制率与设计雨量的对应关系。随着设计雨量的增加,各站年径流总量控制率呈对数形式增加,即年径流总量控制率在 80% 以下时,设计雨量增加趋势明显,控制率达 90% 之后,设计雨量增加趋势减缓。推算的沙坪坝、北碚、渝北和巴南站 60%、70%、75%、80%、85% 年径流总量控制率对应

的设计雨量较《指南》中的偏大,而巴南站则相反。

② 重庆主城区降水量年内分布差异较大,主要集中于 4—10 月,占全年降水量的 85.5%,根据 1981—2018 年 4—10 月日降水数据,优化各站年径流总量控制率对应的设计雨量,与优化前相比,各站设计雨量均增大,径流控制目标将更为严格。

③ 重庆主城区地形复杂,降水局地特征明显,根据降水空间分布特征和从城市建设规划和使用上的方便角度,优化了各站年径流总量控制率指标的使用范围:渝北站计算的年径流总量控制率适用于嘉陵江和长江以北的区域,沙坪坝站计算的年径流总量控制率适用于嘉陵江和长江之间的区域,巴南站计算的年径流总量控制率适用于长江以南区域,北碚站计算的年径流总量控制率不推荐使用。

References

参考文献

岑国平,1989. 城市雨水径流计算方法的研究[D].南京:河海大学.

岑国平,1993. 城市雨洪调蓄池计算的设计雨型比较[J].水资源与水工程学报,4(2):30-35.

岑国平,1999. 暴雨资料的选样与统计方法[J].给水排水,25(4):1-4.

岑国平,沈晋,范荣生,1998. 城市设计暴雨雨型研究[J].水科学进展,9(1):41-46.

陈兴旺,2008. 广义极值分布理论在重现期计算的应用[J].气象与减灾研究,31(4):52-54.

成丹,陈正洪,2018. 不同选样方法对 Pilgrim & Cordery 设计暴雨雨型的对比研究[J].气象与环境科学,41(1):132-137.

戴晶晶,刘增贤,陆沈钧,2015. 基于数值模拟的城市内涝风险评估研究——以苏州市城市中心区为例[J].中国水利,(13):20-23.

戴有学,王振华,戴临栋,等,2017. 芝加哥雨型在短历时暴雨雨型设计中的应用[J].干旱气象,35(6):1061-1069.

方怡,陈正洪,孙朋杰,等,2016. 黄石、大冶两邻近地区设计雨强差异的原因分析[J].气象,42(3):356-362.

高绍凤,陈万隆,朱超群,等,2001. 应用气候学[M].北京:气象出版社:121-134.

顾正强,朱珍,龚强,等,2018. 辽宁省降水变化对海绵城市低影响开发雨水系统建设的影响[J].气象与环境学报,34(5):76-85.

郭琳,焦露,2017. 海绵城市建设研究进展与展望[J].给水排水,43(增刊):170-173.

侯精明,郭凯华,王志力,等,2017. 设计暴雨雨型对城市积涝影响数值模拟[J].水科学进展,28(6):820-828.

江志红,刘冬,刘渝,等,2010. 导线覆冰极值的概率分布模拟及其应用试验[J].大气科学学报,33(4):385-394.

靳俊伟,吕波,章卫军,等,2015. 重庆主城区排水(防涝)综合规划总体技术路线[J].中国给水排水,31(8):24-29.

李明怡,2017. 城市径流总量控制指标分解及实现路径探索与实践[J].水资源保护,33(5):81-85.

廖代强,朱浩楠,周杰,等,2019. 关于暴雨强度公式及其设计雨型的取样方法研究. 气象,45(10):
1375-1381.

刘聪,秦伟良,江志红,2006. 基于广义极值分布的设计基本风速及其置信限计算[J]. 东南大学学
报:自然科学版,36(2):331-334.

马京津,宋丽莉,张晓婧,2016. 对两种不同取样方法 Pilgrim & Cordery 设计雨型的比较研究[J].
暴雨灾害,35(3):220-226.

马开玉,丁裕国,屠其璞,等,1993. 气候统计原理与方法[M].北京:气象出版社:391-419.

毛慧琴,杜尧东,宋丽莉,2004. 广州短历时降水极值概率分布模型研究[J].气象,30(10):3-6.

莫洛可夫 M B,1956. 雨水道与台流水道[M].北京:建筑工程出版社.

潘国庆,车伍,李俊奇,等,2008. 中国城市径流污染控制量及其设计降雨量[J].中国给水排水,24
(22):25-29.

彭嘉栋,赵辉,陈晓晨,2017. 长沙城市化进程对局地气候的影响[J].气象与环境科学,40(4):
42-48.

任芝花,赵平,张强,等,2010. 适用于全国自动站小时降水资料的质量控制方法[J].气象,36(7):
123-132.

施能,2002. 气象科研与预报中的多元分析方法(第二版)[M].北京:气象出版社.

史道济,2006. 实用极值统计方法[M].天津:天津科学技术出版社.

史恒斌,梁俊平,2017. 动力模式产品在河南省夏季降水预测中的降尺度应用[J].气象与环境科
学,40(1):35-39.

史有瑜,曹晓霞,王秀玲,等,2019. 河北省城市生态气候宜居性评估[J].气象与环境科学,42(3):
102-109.

王颖,刘晓冉,程炳岩,等,2019. 广义极值分布在重庆短历时极值降水中的应用[J].气象,45(6):
820-830.

尹洪军,靳俊伟,程巍,等,2016. 重庆海绵城市建设规划层面的控制指标量化探索[J].中国给水排
水,35(21):152-155.

印家旺,阿拉木萨,苏宇航,等,2022. 科尔沁沙地不同土地利用类型土壤入渗特征比较研究[J].水
土保持通报,42(4):90-98.

张小娜,冯杰,刘方贵,2008. 城市雨水管网暴雨洪水计算模型研制及应用[J].水电能源科学,26:
40-42.

赵琳娜,王彬雁,白雪梅,等,2016. 北京城市暴雨分型及短历时降雨重现期研究[C]//中国气象学
会年会 s9 水文气象灾害预报预警.

中华人民共和国住房和城乡建设部,2016. 室外设计排水标准:GB 50014—2021[S].北京:中国计
划出版社.

CHENG K, HUETER I, HSU E, et al, 2001. A scale-invariant Gauss-Markov model for design
storm hyetographs[J]. Water Resour,37:723-736.

HUFF F A,1967. Time distribution of rainfall in heavy storms[J]. Water Resources Research,3
(4):1007-1019.

KEIFER C J,CHU H H,1957. Synthetic storm pattern for drainage design[J]. Journal of the hydraulics division,83(4): 1-25.

KOTTEGODA N T, NATALE L, RAITERI E, 2014. Monte Carlo Simulation of rainfall hyetographs for analysis and design[J]. J Hydrol,519: 1-11.

KOTZ S,NADARAJAH S,2000. Extreme Value Distributions: Theory and applications[M]. London: Imperial College Press,61-63.

LI Z Y,HUANG X J,HE Y Y,2018. Research on derivation method of design rainstorm pattern [J]. Water Supply & Drainage Engineering,36(1): 141-144.

LIAO D Q,ZHU H N,ZHOU J,et al,2019. Study of the natural rainstorm moving regularity method for hyetograph design[J]. Theoretical and Applied Climatology,138(4): 1311-1321.

LIAO D Q,ZHANG Q,WANG Y,et al,2021. Study of Four Rainstorm Hyetograph Design Methods[J]. Frontiers in Environmental Science,Front Environ Sci,22 March 2021

LIN G F, WU M C. 2007. A SOM-based approach to estimating design hyetographs at ungauged sites[J]. J Hydrol,339: 216-226.

PILGRIM D H,CORDERY I,1975. Rainfall temporal patterns for design floods[J]. Journal of the Hydraulics Division,101(1): 81-95.

POWELL D N,KHAN A A,AZIZ N M,2008. Impact of new rainfall patterns on detention pond design[J]. J Irrig Drain Eng,134: 197-201.

YEN B C,CHOW V T,1980. Design hyetographs for small drainage structures[J]. Journal of the Hydraulics Division,106(ASCE 15452).

Appendix

附录A

A.1 相关系数

相关系数是衡量任意两个气象要素（或变量）之间线性关系的统计量，一般情况用 r 表示。先对原变量作标准化处理，使得其无量纲化，然后计算他们的协方差。设有两个变量 $x_1, x_2, \cdots, x_n$ 和 $y_1, y_2, \cdots, y_n$，其相关系数计算公式为：

$$r = \frac{\sum\limits_{i=1}^{n}(x_i - \overline{x})(y_i - \overline{y})}{\sqrt{\sum\limits_{i=1}^{n}(x_i - \overline{x})^2} \sqrt{\sum\limits_{i=1}^{n}(y_i - \overline{y})^2}} \tag{A.1}$$

也可以用标准差的形式计算：

$$r = \frac{\dfrac{1}{n}\sum\limits_{i=1}^{n}(x_i - \overline{x})(y_i - \overline{y})}{\sqrt{\dfrac{1}{n}\sum\limits_{i=1}^{n}(x_i - \overline{x})^2} \sqrt{\dfrac{1}{n}\sum\limits_{i=1}^{n}(y_i - \overline{y})^2}} \tag{A.2}$$

$\overline{x}, \overline{y}$ 分别变量为 x_i, y_i 的平均值。r 相关系数取值在 $-1.0 \sim 1.0$。当 $r > 0$（$r < 0$）时，表示两变量呈正（负）相关，而越接近 1.0（-1.0），正（负）相关越显著，说明两变量变化趋势同步性越高；当 $r = 0$ 时，说明两变量相互独立。

这两个量之间的相关是否显著也需要作统计检验。在实际检验过程中，根据已知自由度和显著水平，查相关系数检验表求 r_α，若计算的相关系数 $|r| > r_\alpha$，则通过显著性检验，表明这两个变量存在显著相关关系。

A.2 线性趋势拟合

用 x_i 表示样本量为 n 的某个气候变量,用 t_i 表示 x_i 所对应的时间,建立 x_i 和 t_i 之间的一元线性回归方程:

$$x_i = a + bt_i, i = 1, 2, \cdots, n \qquad (A.3)$$

a 为回归常数,b 为回归系数,a 和 b 可以用最小二乘法进行估计。对观测数据 x_i 及相应的时间 t_i,回归系数 b 和常数 a 的最小二乘法估计为:

$$b = \frac{\sum_{i=1}^{n} x_i t_i - \frac{1}{n} \left(\sum_{i=1}^{n} x_i \right) \left(\sum_{i=1}^{n} t_i \right)}{\sum_{i=1}^{n} t_i^2 - \frac{1}{n} \left(\sum_{i=1}^{n} t_i \right)^2} \qquad (A.4)$$

$$a = \overline{x} + b\overline{t} \qquad (A.5)$$

式中

$$\overline{x} = \frac{1}{n} \left(\sum_{i=1}^{n} x_i \right), \overline{t} = \frac{1}{n} \left(\sum_{i=1}^{n} t_i \right)$$

利用回归系数 b 与相关系数之间的关系,求出时间 t_i 与变量 x_i 之间的相关系数:

$$r = \frac{\sum_{i=1}^{n} t_i^2 - \frac{1}{n} \left(\sum_{i=1}^{n} t_i \right)^2}{\sum_{i=1}^{n} x_i^2 - \frac{1}{n} \left(\sum_{i=1}^{n} x_i \right)^2} \qquad (A.6)$$

相关系数 r 表示变量 x 与时间 t 之间的线性相关的密切程度。判断变化趋势的程度是否显著,需要对相关系数进行检验,确定显著性水平 α,若 $|r| > r_a$,表明 x 随时间 t 的变化趋势是显著的,否则表明变化趋势是不显著的。

A.3 广义极值分布

广义极值分布函数(Generalised Extreme Distribution,GEV)是 3 种极值函数的统一形式,包括极值 I 型分布(Gumbel 分布)、极值 II 型分布(Frechet 分布)、极值 III 型分布(Weibull 分布),弥补了单一函数分布的局限性(Kotz et al.,2000;史道济,2006)。

对于随机变量 X(取值为 x),广义极值的分布函数 $F(x)$ 为:

$$F(x) = \begin{cases} \exp\left(-\left(1 + k\left(\frac{x - \beta}{\alpha} \right)^{-\frac{1}{k}} \right) \right) & k \neq 0 \\ \exp\left(-\exp\left(\frac{x - \beta}{\alpha} \right) \right) & k = 0 \end{cases} \qquad (A.7)$$

式中 β 为位置参数,α 为尺度参数,k 为形状参数。形状参数决定分布密度区县的基本形状及变量分布的尾部特征,位置参数、尺度参数分别相当于变量为正态分布时的均值和标准差。当 $k=0$，GEV 简化为 Gumbel 分布；当 $k>0$ 时，为极值 II 型分布（Frechet 分布）；当 $k<0$ 时，为极值 III 型分布，即 Weibull 分布。

利用广义极值函数拟合短历时极值降水序列时，采用极大似然法进行参数估计。广义极值分布的极大似然方程（刘聪 等，2006）如下：

$$L(\theta)=L(\alpha,\beta,k)-n\ln\alpha-\sum_{i=1}^{n}\left(1+k\left(\frac{x_i-\beta}{\alpha}\right)\right)^{-1/k}$$
$$-\left(1+\frac{1}{k}\right)\sum_{i=1}^{n}ln\left[1+k\left(\frac{x_i-\beta}{\alpha}\right)\right] \tag{A.8}$$

由似然对数求 3 个参数的一阶导数，令 $\dfrac{\partial L(\theta)}{\partial\alpha}=0$，$\dfrac{\partial L(\theta)}{\partial\beta}=0$，$\dfrac{\partial L(\theta)}{\partial k}=0$，求得似然方程组为非线性方程组，可采用 Newton-Raphson 迭代方法得到 k、α、β 参数的极大似然估计。

根据计算的 k 值判断短历时极值降水属于何种分布型。当 $k\neq 0$ 时，为使概率分布函数 $F(x)\leqslant 1$，必须满足 $1+k\left(\dfrac{x-\beta}{\alpha}\right)>0$，即：GEV 是定义在 $k\left(\dfrac{x-\beta}{\alpha}\right)>-1$ 的基础上的。

设 T 年一遇的极值降水为 x_p，相应极值出现频率 $p=\dfrac{1}{T}$，重现期极值降水计算（陈兴旺，2008）如下：

$$x_p=\{[-\ln(1-p)]^{-k}-1\}\frac{\alpha}{k}+\beta,(k\neq 0)$$
$$x_p=\alpha\{\ln[-\ln(1-p)]\}+\beta,(k=0) \tag{A.9}$$

在求得参数的极大似然估计后，将有关参数的估计值代入上式，由此可以不同重现期短历时极值降水的估算值。

本书直接利用 MATLAB 自带的广义极值分布拟合函数（gevfit）、概率密度函数（gevpdf）、累积概率密度函数（gevcdf）等进行计算。

A.4　皮尔逊-Ⅲ型分布

皮尔逊-Ⅲ型曲线是一条一端有限一端无限的不对称单峰、正偏曲线，数学上常称伽马分布，其概率密度 $f(x)$ 和保证率分布函数 $F(x)$ 分别为：

$$f(x)=\frac{\beta^\alpha}{\Gamma(\alpha)}(x-x_0)^{\alpha-1}e^{-\beta(x-x_0)}(a>0,x\geqslant x_0) \tag{A.10}$$

和

$$P(X\geqslant x_p)=\frac{\beta^\alpha}{\Gamma(\alpha)}\int_{x_p}^{\infty}(x-x_0)^{\alpha-1}e^{-\beta(x-x_0)}\mathrm{d}x \tag{A.11}$$

其中参数 x_0 为随机变量 X 所能取得最小值，称为位置参数，α 称为形状参数，β 称为尺度参数，$\Gamma(\alpha)$ 是 α 的伽马函数。α、β 均大于 0。由矩法原理，3 个参数可分别用下式计算：

$$\alpha = 4/c_s^2 ; \beta = 2/\sigma c_s ; x_0 = m\left(1 - \frac{2c_v}{c_s}\right) \tag{A.12}$$

式中，m 为数学期望，σ 为均方差，c_s 为偏态系数，c_v 为变差系数。这些数字特征的估计量分别为：

$$\hat{m} = \overline{x} = \frac{1}{n}\sum_{i=1}^{n} x_i \tag{A.13}$$

$$\hat{\sigma} = s = \sqrt{\frac{1}{n}\sum_{i=1}^{n}(x_i - \overline{x})^2} \tag{A.14}$$

$$\widehat{c_v} = \frac{\hat{\sigma}}{\hat{m}} = s/\overline{x} \tag{A.15}$$

$$\widehat{c_s} = \frac{1}{n}\sum_{i=1}^{n}(x_i - \overline{x})^3 \bigg/ \left(\frac{1}{n}\sum_{i=1}^{n}(x_i - \overline{x})^2\right)^{\frac{3}{2}} \tag{A.16}$$

以上各统计量中，偏态系数 $\widehat{c_s}$ 含有三阶样本矩，故抽样误差较大，样本实测值 $\widehat{c_s}$ 与真值 c_s 之间可能会有较大差异，常需要对拟合的线型进行验证及对估计参数值 $\widehat{c_v}$、$\widehat{c_s}$ 进行适当调整，以获得理想的分布曲线。对于风速、降水量等气象要素不会出现负值，必然有 $x_0 \geqslant 0$，由此必有 $c_s \geqslant 2c_v$，此关系式可作为调整的依据之一。优化适线法是在一定的适线准则（即目标函数）下，求解与经验点据拟合最优的频率曲线的统计参数的方法。优化适线法按不同的适线准则分为 3 种，即离差平方和最小准则（OLS）、离差绝对值和最小准则（ABS）、相对离差平方和最小准则（WLS），其中以离差平方和最小准则（OLS）最为常用。得到皮尔逊-Ⅲ型分布的参数后，为了便于计算等于及大于 x_p 的累积概率 P，作如下变量转换：

$$\Phi(x) = \frac{x - \overline{x}}{\overline{x}c_v} \tag{A.17}$$

Φ 是标准化变量，称为离均系数，其均值为 0，标准差为 1。变量转换后有下面的积分形式：

$$P(\Phi \geqslant \Phi_P) = \int_{\Phi_P}^{\infty} f(\Phi \cdot c_s)\,\mathrm{d}\Phi \tag{A.18}$$

式中被积函数只含有一个待定参数 c_s，只需要假定一个 c_s 值，便可通过上式积分求出 P 与 Φ 之间的关系。皮尔逊-Ⅲ型的概率曲线已经制成离均系数 Φ_P 表。

不同重现期设 T 年一遇的极值降水为 x_P，相应极值出现频率 $P = \frac{1}{T}$，重现期极值降水计算如下：

$$x_P = \overline{x}(1 + c_v\Phi_P) \tag{A.19}$$

在求得参数的估计值后，将有关参数的估计值代入上式，由此可以不同重现期短历时极值降水的估算值。

皮尔逊-Ⅲ型分布本质上式伽马分布，为了便于计算，本书将皮尔逊-Ⅲ型分布转换为伽马分布形式，采用 MATLAB 中的 gamcdf 计算 P-Ⅲ型分布的累积概率密度。c_v、c_s 的适线调整主要利用 MATLAB 自带的非线性最小二乘拟合函数(lsqcurvefit)和带条件优化方法(fmincon)实现(参见 http://blog. sciencenet. cn/blog-922140-884754. html)。

A.5 耿贝尔分布

广义极值分布虽然包含耿贝尔分布，但计算的形状参数 k 值不会严格为零，所以仍有对比二者的需要。

耿贝尔分布的分布函数如下：

$$F(x) = e^{-e^{-a(x-b)}} \quad (a > 0) \tag{A.20}$$

其分布密度函数：

$$f(x) = ae^{-a(x-b)-e^{-a(x-b)}} \tag{A.21}$$

保证率函数为：

$$P(x) = P(X \geqslant x) = 1 - e^{-e^{-a(x-b)}} \tag{A.22}$$

其中 a 称为尺度参数，b 是分布密度的众数，也称为位置参数。

采用耿贝尔法进行参数估计，它是一种直接与经验概率相结合的参数估计方法。将样本数为 n 的极值序列按照由大到小的顺序排列 $x_1 \geqslant x_2 \geqslant \cdots \geqslant x_m \cdots \geqslant x_n$，$x$ 的保证率经验分布为：

$$P(X \geqslant x_m) = 1 - e^{-e^{-a(x_m-b)}} \cong \frac{m}{n+1} \tag{A.23}$$

令：

$$y_m = a(x_m - b) \tag{A.24}$$

则有

$$\frac{m}{n+1} \cong 1 - e^{-e^{-y_m}} \quad m = 1, 2, \cdots, n \tag{A.25}$$

移项后取对数得：

$$y_m = -\ln\left[-\ln\left(1 - \frac{m}{n+1}\right)\right] \quad m = 1, 2, \cdots, n \tag{A.26}$$

既可得 y 的样本序列 $\{y_i\}$，并计算样本均值 $\overline{y}$ 和方差 s_y，a、b 的估计值为：

$$\hat{a} = \frac{s_y}{s_x} \tag{A.27}$$

$$\hat{b} = \overline{x} - \overline{y}\frac{s_x}{s_y} \tag{A.28}$$

参数估计值 $\hat{a}$ 和 $\hat{b}$ 得到后，即确定了耿贝尔分布形式。在应用时，需要的是设计概率 P 所对应的 x_P，形式如下：

$$x_P = b - \frac{1}{a}\ln[-\ln(1-P)]　\hspace{3em}(A.29)$$

将值 $\hat{a}$ 和 $\hat{b}$ 代入上式,可得

$$x_P = \overline{x} - \frac{s_x}{s_y}\{\overline{y} + \ln[-\ln(1-P)]　\hspace{3em}(A.30)$$

A.6 指数分布

指数分布的概率密度曲线 $f(x)$ 和分布函数 $F(x)$ 为

$$f(x) = ae^{-a(x-b)};$$
$$F(x) = 1 - e^{-a(x-b)}　\hspace{3em}(A.31)$$

式中 a 表示离散程度的参数,b 表示分布曲线的下限。

将样本数为 n 的极值序列按照由大到小的顺序排列 $x_1 \geqslant x_2 \geqslant \cdots \geqslant x_m \cdots \geqslant x_n$,$x$ 的保证率经验分布为

$$P(X \geqslant x_m) = 1 - F(x_m) = e^{-a(x_m - b)} \cong \frac{m}{n+1}　\hspace{3em}(A.32)$$

令:

$$y_m = a(x_m - b) = -\ln\left(\frac{m}{n+1}\right)　\hspace{3em}(A.33)$$

由最小二乘法原理(施能,2002)可得

$$\hat{a} = \frac{n\sum_{i=1}^{n}x_i y_i - \sum_{i=1}^{n}x_i \sum_{i=1}^{n}y_i}{n\sum_{i=1}^{n}x_i^2 - \left(\sum_{i=1}^{n}x_i\right)^2}　\hspace{3em}(A.34)$$

$$\hat{b} = \overline{x} - \overline{y}/\hat{a}　\hspace{3em}(A.35)$$

参数估计值 $\hat{a}$ 和 $\hat{b}$ 得到后,即确定了指数分布形式。在应用时,需要的是设计概率 P 所对应的 x_P,形式如下:

$$x_P = b - \frac{1}{a}\ln P　\hspace{3em}(A.36)$$

将值 $\hat{a}$ 和 $\hat{b}$ 代入上式,即可求得 x_P。

A.7 对数正态分布

当随机变量 x 的对数值服从正态分布时,称 x 的分布为对数正态分布。对于两参数的正态分布而言,变量 x 的对数

$$y = \ln x　\hspace{3em}(A.37)$$

服从正态分布时,y 的概率密度函数为:

$$g(y) = \frac{1}{\sigma_y \sqrt{2\pi}}\exp\left[-\frac{(y - a_y)^2}{2\sigma_y^2}\right](-\infty < y < +\infty)　\hspace{3em}(A.38)$$

式中 a_y 为随机变量 y 的数学期望，σ_y 为随机变量 y 的方差。

由此可得到随机变量 x 的概率密度函数：

$$f(x) = \frac{1}{x\sigma_y \sqrt{2\pi}} \exp\left[-\frac{(\ln x - a_y)^2}{2\sigma_y^2}\right] \quad (x > 0) \tag{A.39}$$

上式的概率密度函数包含了 a_y 和 σ_y 两个参数，故称为两参数对数正态曲线。

A.8 柯尔莫哥洛夫(K-S)检验

将极值降水序列按照从小到大排列的顺序排列，$x_1 \leqslant x_2 \leqslant \cdots \leqslant x_m \cdots \leqslant x_n$，$m$ 为序列号，n 为样本总数。次序统计量具有一个重要性质，假设 X 的分布为连续分布时，在 n 次观测中居于第 m 位的次序统计量 x_m 的期望概率如下：

$$E(F(x_m)) = \frac{m}{n+1} \tag{A.40}$$

上式也称为样本的经验分布，记为 $S(x)$。定义统计量 $D_n = \max | F(x) - S(x) |$，式中 $F(x)$ 为拟合分布的分布函数，柯尔莫哥洛夫证明，对任意 $\lambda > 0$，有

$$\lim_{n\to\infty} P(D_n \sqrt{n} < \lambda) = \psi(\lambda) = \sum_{k=-\infty}^{+\infty} (-1)^k e^{-2k^2\lambda^2} \tag{A.41}$$

给定显著性水平 α，查表得到 $\psi(x) = 1 - \alpha$ 的临界值 λ_a，如果 $D_n \sqrt{n} < \lambda_a$，接受原假设，认为极值降水序列服从所选分布(马开玉 等，1993；高绍凤 等，2001)。当 $n = 36$，$\alpha = 0.05$ 时，$\lambda_a \cong 0.77$。

A.9 均方根误差

均方根误差(RMSE)是用来衡量观测值同真值之间的偏差，本书计算的均方根误差主要指拟合分布 $F(x)$ 与经验分布 $S(x)$ 两个序列的差异，计算公式如下(江志红 等，2010)：

$$\text{RMSE} = \sqrt{\frac{1}{n} \sum_{i=1}^{n} \left[F(x_i) - S(x_i)\right]^2} \tag{A.42}$$

均方根误差越小，拟合效果越好。

此外，按照方法(3.1)计算两个序列之间的相关系数 R，相关系数越大，拟合效果越好。

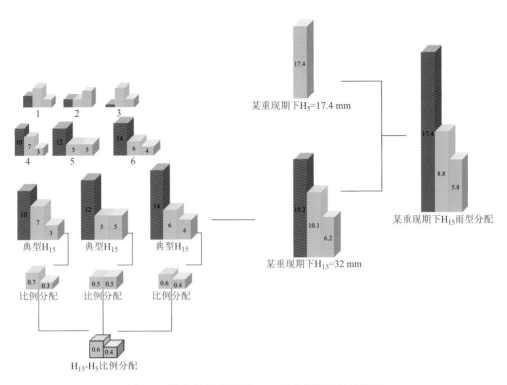

图 3-6 推求某重现期下 H15 雨型分配过程示意图

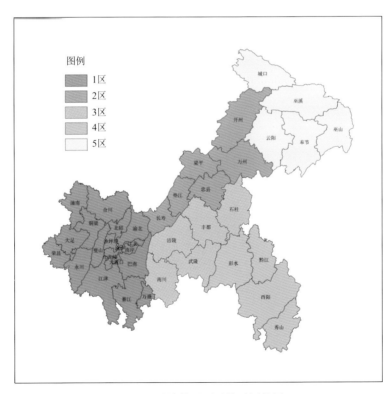

图 5-1 设计暴雨雨型的适用范围

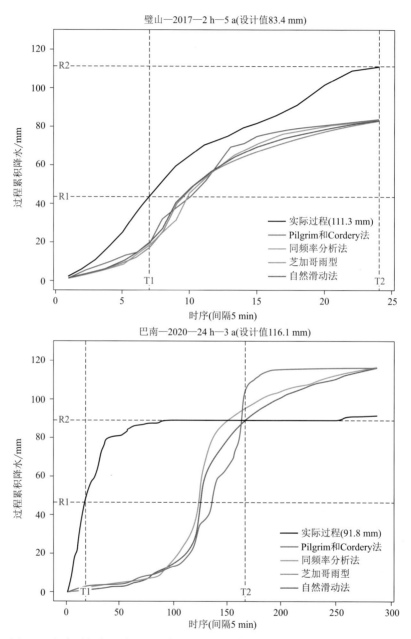

图 5-3　积水时间与积水量的示例图(上图是璧山 2017 年 2 h 历时 5 a 重现期，
下图是巴南 2020 年 24 h 历时 3 a 重现期)

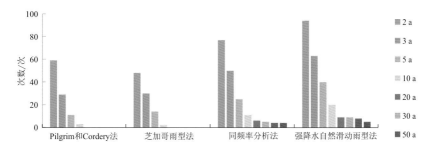

图 5-4　不同重现期发生积涝的次数图

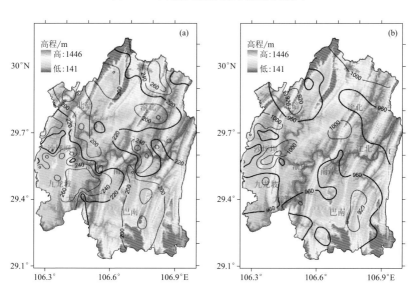

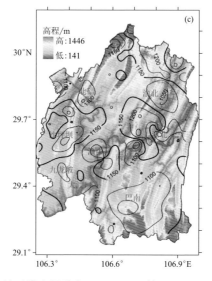

图 6-4　重庆主城区降水量分布(mm)(a. 6 月；b. 4—10 月；c. 年)

图例：
1 渝北设计雨量
2 沙坪坝设计雨量
3 巴南设计雨量
〜 嘉陵江
〜 长江

图 6-6 重庆主城区年径流总量控制率对应的设计雨量使用范围分布